The Integrated Development of
Guangzhou Culture, Commerce and
Tourism with City Art

城市艺术 与广州文化、商业、 旅游的融合发展

彭文芳　钟 周　著

U0210147

中国建筑工业出版社

图书在版编目（CIP）数据

城市艺术与广州文化、商业、旅游的融合发展／彭文芳，
钟周著.—北京：中国建筑工业出版社，2018.12
ISBN 978-7-112-22762-4

Ⅰ.①城… Ⅱ.①彭…②钟… Ⅲ.①城市景观-景观设
计-关系-城市经济-经济发展-研究-广州 Ⅳ.① TU-856
② F299.276.51

中国版本图书馆CIP数据核字（2018）第226176号

本书从世界五大艺术名城：法国戛纳、奥地利维也纳、希腊雅典、意大利佛罗伦萨、埃及开罗的调查研究出发，分析其城市艺术与经济文化的关系，从中寻找可供借鉴的经验。接着，从广州城市的发展历程出发，结合广州城市印象与艺术气质，从五个方面去探讨广州城市艺术特征的彰显与凝练。最后，再从文化发展、商业转型、旅游开发三个角度去深入研究在城市艺术的推动下进行文化、商业、旅游融合发展的策略。本书通过艺术去改造城市生活环境，明确广州城市气质的特征，丰富城市艺术生活，促进广州城市文化、商业、旅游的良性发展，在经济发展的新形势下找准广州城市气质的规划定位、发展方向及营造途径，形成具有彰显度的广州城市气质，擦亮广州历史文化名城的牌子，发挥其在广州城市国家"十三五"发展中的作用。

本书可供艺术、设计、文化、商业、旅游、城市规划等领域的设计师、政府官员、科研人员，相关专业师生，以及对该领域感兴趣的爱好者参考阅读。

责任编辑：吴 绫 贺 伟 李东禧
版式设计：锋尚设计
责任校对：张 颖

城市艺术与广州文化、商业、旅游的融合发展
彭文芳 钟周 著
*
中国建筑工业出版社出版、发行（北京海淀三里河路9号）
各地新华书店、建筑书店经销
北京锋尚制版有限公司制版
北京中科印刷有限公司印刷
*
开本：787×1092毫米 1/16 印张：9¼ 字数：180千字
2018年12月第一版 2018年12月第一次印刷
定价：42.00元
ISBN 978-7-112-22762-4
（32858）

前言

众所周知，广州有2200多年的建城史，是祖国的南大门和沿海发达城市的代表，是海上丝绸之路的起点，是岭南文化的中心与发源地，也是世界知名的超级城市，文化多元、商业发达、旅游业初具规模。但相对世界各大名城而言广州城市特色还不够明确，还没有足够的彰显度，没有给人一个清晰的艺术印象，"羊城"、"花城"、"穗城"等形象均不突出，影响力不足，是一座"说不清"的城市。这给广州的发展带来一些负面的影响，在全球经济不景气的环境下也遇到如发展模式落后、发展速度减慢、转型动力不足等新问题，影响到广州在国家"十三五"规划中城市经济、社会、环境的发展所应达到的目标。广州是世界知名城市，社会各界对广州城市的发展问题已经进行了诸多研究，但还有很多状况不能让人满意。我们需要拓展思路，跳出思维定式，另辟蹊径，从全新的角度开展研究，寻找行之有效的解决办法。

城市艺术是以公共艺术为主体，以多种艺术形式构成的综合性环境艺术系统，其以可视化的建筑、雕塑、绘画、光影等多维空间的艺术语言直接诉诸人们的视觉感官。城市艺术具有空间艺术与时间艺术的双重特征，在形象上以抽象性的暗示因素为主，信息涵义比较含蓄，具有丰富的多样性，如悉尼歌剧院、美国环球航空公司候机楼、科威特之塔等。城市艺术往往以拟人化的性格来反映城市的形象特征，概括性地反映社会的精神面貌、情趣和理想，是一定时代和民族的可见象征，如具有帝王之气的北京、小家碧玉的苏州、智慧长者形象的威尼斯等。至今城市艺术已经越来越受到人们的关注和重视，其在城市建设中正发挥着越来越重要的作用。

本书是在广州市哲学社会科学发展"十三五"规划2016年度智库课题：城市艺术与广州文化、商业、旅游的融合发展（课题编号：2016GZZK09）研究成果的基础上作进一步的扩展而成，因所涉及的内容繁多，但作者的知识、能力与时间方面存在一定的限制，还有很多问题无法展开，未能完全说透，故本书仅作抛砖引玉之用，欢迎广大专家和读者不吝赐教，提出宝贵的修改意见。

目录

前言

第一章　世界五大艺术名城的特色分析　　　　　　　1
　　1.1　法国戛纳的城市名牌如何营造　　　　　　　2
　　1.2　音乐之都维也纳的丰富历史遗产　　　　　　9
　　1.3　希腊雅典的神圣与遗憾　　　　　　　　　　14
　　1.4　意大利佛罗伦萨的艺术与文化　　　　　　　19
　　1.5　埃及开罗的历史与艺术　　　　　　　　　　21

第二章　国内城市的特色与发展经验　　　　　　　　27
　　2.1　北京的城市特色与发展经验　　　　　　　　28
　　2.2　杭州的城市特色与发展经验　　　　　　　　32
　　2.3　西安的城市特色与发展经验　　　　　　　　36
　　2.4　香港的城市特色与发展经验　　　　　　　　39

第三章　广州城市艺术的现状与发展思路　　　　　　43
　　3.1　广州的文化本源分析　　　　　　　　　　　44
　　3.2　视觉识别系统与广州城市品牌　　　　　　　51
　　3.3　广州建筑艺术的现状与发展　　　　　　　　57
　　3.4　广州桥梁景观艺术的现状与发展　　　　　　68
　　3.5　公共空间与艺术场馆的建设　　　　　　　　73
　　3.6　广州的商场与商业街道　　　　　　　　　　82
　　3.7　灯光与夜景的特色设计　　　　　　　　　　87
　　3.8　公交站牌与公交车广告　　　　　　　　　　91
　　3.9　各类艺术节对广州的影响　　　　　　　　　93
　　3.10　广州艺术院校及艺术名人　　　　　　　　97

第四章　广州城市艺术与文化发展的关系　　　　　　103
　　4.1　现代经济形势下广州文化面临的挑战　　　　104
　　4.2　城市艺术形象如何促进广州文化的发展　　　107

第五章　城市艺术对广州商业转型的帮助　　**111**

　　5.1　广州商业的发展过程与形态　　112

　　5.2　创意产业与广州商业发展前景　　113

　　5.3　广州艺术发展对商业形态的影响　　115

第六章　城市艺术对广州旅游发展的作用　　**117**

　　6.1　旅游业的发展规律与市场状况　　118

　　6.2　广州旅游资源的现状与走向　　121

　　6.3　艺术景区的特点与影响力　　122

　　6.4　广州城市艺术对旅游业的促进　　124

第七章　广州城市艺术与文化、商业、旅游的融合发展　　**127**

　　7.1　文化、商业、旅游三者的内在联系　　128

　　7.2　广州城市艺术与文化商旅的融合发展　　130

总结：关于广州城市艺术发展的建议　　135

参考文献　　139

后记　　141

第一章
世界五大艺术名城的特色分析

我国已进入城市化快速发展时期，在此过程中，由于缺乏科学规划和对地方特色文化认识不够，没能把城市的内涵表现出来，导致了严重的"千城一面"现象，成为亟待解决的问题。广州要打造文化艺术名城，就要走与众不同的道路，要依靠艺术来发展文化、商业、旅游。我们首先要做的就是吸取世界各大艺术名城的发展及成名经验，为我所用，我们去深入了解了五个富有特色的艺术名城，从它们的发展经验中我们寻找对广州有借鉴意义的内容。

1.1 法国戛纳的城市名牌如何营造

戛纳是法国南部地中海北岸的一个小城镇，它是棕榈树映衬的袖珍城市，只有7万多人常住，但在世界著名的城市调查中，它的名字却排列在巴黎之后，是法国第二大名城。戛纳不仅是国际知名的旅游度假胜地，更因为每年一届的戛纳国际电影节而让热爱艺术的人为之向往，这个一年一度的影坛盛事，使世界各国的电影工作者、影商和影迷，还有记者如潮水般到此地聚会，更何况戛纳还有闻名世界的国际创意节。

戛纳是如何让行业盛会成为全民节日，如何用文化带动经济，如何缔造吸引世界各国行业人士、媒体及游客的旅游目的地[1]，有许多细节值得学习。但有一点不可否认的是，如果没有美丽的自然城市风光，又怎能做到68载都让世界各国的人对这个地方热情依旧，它能够有今天的地位与它59年来在艺术上的积淀密不可分，其市场化推广做得非常出色，吸引了世界一流的参赛公司，再加上法国当地政府对于它的大力支持，才能得到全世界的认可。[2]

法国的文化和艺术高度发达，其城市发展的经验非常值得广州学习，认真地研究法国城市发展的案例，有助于我们更好地借鉴他人的经验，更实际地探索自己的道路，而不是"拿来主义"地停留在新潮的概念和形式上。[3]

1.1.1 戛纳的城市发展现状

戛纳邻近地中海，是一个美如画卷的地方，其以优美的沙滩及每年5月举办的戛纳电影节闻名，是欧洲的旅游胜地和国际名流聚集地。戛纳因国际电影节而闻名，从而带动旅游。其人口只有8万出头，但每年有超过200万游客。有人说，戛纳是过冬的胜地，也有人说，戛纳是避暑的天堂，其实都没错。这里冬天海水蔚蓝，气候温和，阳光明媚，夏季有凉爽的海风，风景优美的长沙滩，视野甚广，是日光浴者的天堂。与威尼斯和蒙特卡洛并称为南欧三大游览中心。每年电影节期间，大批国际明星、社会名流、广告、时装、节日、商会都会在此聚集，这逐渐成为法国的一张名片，吸引了包括安南、克林顿在内的众多政要人物、行业人士与游客。

1 辣笔小芯. 到戛纳去看电影晒太阳 [J]. 东方电影，2014，6.

2 贺欣浩. 另一个角度看戛纳 [J]. 中国广告，2012，9.

3 丁窈遥，周武忠. 守得住的"乡愁"——法国城市规划案例对中国城镇化的启示 [J]. 中国名城，2016，6.

图1-1 戛纳城市的总体面貌

图1-2 戛纳电影节盛况

　　戛纳不单有电影节，还有金合欢节、国际赛船节、国际音乐唱片节、国际游戏节、购物节和含羞草节等，这些节日都是依托电影节的知名度并围绕电影节形成的一个文化集团，相互组合，把戛纳的时尚创意文化推向更大更广的平台。戛纳的节日是一种文化，而且都具有国际化的效应，成了能吸引全球目光的项目。

　　如今的戛纳变得越来越国际化，越来越多的高科技公司在戛纳涌现，几年前广告公司、品牌以及电视媒体占据了戛纳的重头，但现在微软、谷歌、Facebook以及一些其他的数码大头都进驻戛纳，并给戛纳带来了巨大的冲击。由此可见，戛纳的城市进程不单是单方面地追求城市硬件的完善，而更注重于城市文化品牌的建设，而城市品牌的建设给它带来了在文化、商业、旅游等多方面综合的发展。

1.1.2 戛纳的城市艺术特色

戛纳之所以成名靠的不单是一个电影节，而是人们不仅热衷于到那去旅游度假，也希望能看到更加有特色的景观和具有更出众的感官享受。戛纳并没有很多纯艺术的雕塑或景观，它的一切都融入了文化与生活的元素。本节我们分析戛纳的城市艺术特色，以便更深入了解戛纳的成名之道。

1. 风光明媚的地中海沿岸风情

戛纳依山傍海，有着地中海沿岸风光的明媚，有着五千米长的沙滩和高大的棕榈树，游客在地中海边漫步时，能领略当地得天独厚的自然魅力，一边是沙滩海湾，另一边是酒店建筑。有豪华的五星级酒店，也有非常传统的居民房屋建筑，结合那雅致的酒店和干净整洁的大街，将地中海沿岸的风情展现无遗。

站在城市66米制高点的山顶上俯瞰，有着数不清的高级游艇密布停泊在康托港，令人十分震撼。同时还有广阔的戛纳海湾、圣玛格丽特岛、勒兰群岛以及"铁面人"的神秘历史。布满岩石的悬崖与峭壁，参天的巨大桉树和杨树林，古老的城堡，皇家要塞，米黄色的旧兵营，"铁面人"的囚室默默地向人们展示中世纪时期的历史传说。

海岸城市都有一个共同的特征，就是具有奔放热情的性格，从戛纳的海边风情给城市魅力增加了极大的亮点来说，这成为吸引人向往的一个巨大因素，可以说戛纳的城市名牌与它的海湾特色是分不开的。戛纳的因地制宜，把法国的浪漫与热情气质都在地中海的海边风情中得到充分展现，从而形成强大的旅游吸引效应。

2. 传统文化与现代艺术完美融合的建筑

建筑是城市精神的直接体现和历史文化的载体，戛纳的建筑多数是依山傍海而建，高低起伏，体现了错落有致的艺术特色。戛纳有历史传统的建筑得到较好的保存，就连普通小区都有自己的风格，很多到戛纳去的人们都忘不了这些有着强烈特征的房子。

戛纳建筑并没有过多刻意的装饰，只是与环境及历史景观融为一体的自然体现，红色的屋顶体现了浪漫的地中海风格。在传统的建筑中，人们看不到高楼大厦，但是能从中感受到一种生活方式。所有到戛纳的人们，在这些房子里均能体会到一种自由与写意的生活方式，这里是他们自由讨论艺术和释放激情的地方，建筑与生活完美融合，一个地方建筑的艺术一定会与生活方式及文化价值密切联系，只有和生活联系起来的建筑才有活力，是有血有肉的城市细胞。

戛纳的建筑不为排场，也不为追逐知名度，它甚至是平凡的，默默无闻的，但它所释放的激情正在慢慢地渗透在戛纳的世界品牌之中，体现着这个城市的悠久历史，是最有生命力的一种因素。

戛纳的建筑也不全是传统的建筑，它也是个时尚的现代城市，但其现代建筑也体现着传

图1-3 戛纳的海边风情　　　　　　　　　　　　　　　图1-4 戛纳的游艇泊位

图1-5 戛纳依山而建的建筑特征

图1-6 戛纳建筑与海的融合　　　　图1-7 戛纳的普通住宅建筑　　　　图1-8 戛纳的现代商业建筑

统文化的氛围，在外观、造型、色调上都有地中海沿岸的特色，在戛纳，老建筑与新建筑之间没有明显的冲突，没有一点违和，新的建筑只是传统建筑的延伸与演变，其和棕榈树相映成趣。

在戛纳的建筑不但古老，也有很多艺术造型丰富的案例，如20世纪70年代设计师皮尔·卡丹所建的安蒂洛娃格泡沫屋，也称泡沫宫殿，成为法国的历史古迹。

此外，还有戛纳机场，其建筑造型非常有艺术感，在风光宜人的蔚蓝海岸地区，富有造型感与自由气息的大楼体现着戛纳风情的另一种形象。

另外，从建筑的装饰艺术上，也可以讲究主题元素的表达，比如戛纳的建筑就充分体现电影主题，用涂鸦或其他自由的装饰手段彰显这座城市的活力。大街小巷上贴满了介绍影片的招贴画和五光十色的小广告，令人眼花缭乱，各国影星的剧照更是摆满了各商亭内外，令影迷们爱不释手，争先选购。这里真是一座名副其实的电影城。

从戛纳的城市建筑中，我们可知，一个城市的形象不能单单靠一个文化品牌来营造，就像戛纳，如果只有电影节还是很不够的，所以它还结合地域特色体现了浓郁的地中海风情。由此可见，城市不是单一的，其在软件和硬件方面都有着相辅相成的关系，城市要有知名度

图1-9 戛纳的安蒂洛娃格泡沫屋

图1-10 戛纳Mandelieu机场的建筑

图1-11 戛纳自由的建筑装饰风格

还需要具有特色的城市景观，城市景观能给人更加直接的印象，能非常有效地构建人们的认知印象。

一般而言，艺术品可以赋予人们强烈的感官印象，重构人们的精神认知，但城市艺术的载体却不一定是特定的艺术品，与之相关的街景或建筑就是一种直接的艺术形象，是一种活力的体现，人们也可以由此看到一个城市的特征。

1.1.3 戛纳城市发展的经验

戛纳是个很小的城市，15分钟就可以走完，却具有世界知名度。世界上各级电影节多如牛毛，如柏林、东京电影节……但为什么唯独戛纳电影节最有影响力？我们要找出其中的缘由。经过对其详细地了解，我们发现其中有很多的经验可以借鉴，为广州的城市发展作参考。

1. 结合时代潮流让历史文化遗产焕发新姿

戛纳的电影节有悠久的历史，从1938年开始，戛纳就坚持举办电影节，是岁月的磨炼让她享有世界声誉，并成为法国南部著名的富人冬季度假胜地，甚至拥有超过50家高级旅馆。于是，法国政府就顺理成章地依托戛纳电影节将戛纳建成文化品牌城市。

戛纳在1955年初次设立了电影节的最高奖项"金棕榈奖"，此后该奖项与奥斯卡并称为电影界最权威的奖项。1972年，戛纳电影节宣布设立独立的评审委员会审理影片，影片的筛选条件变得更为严格，获奖影片数量变得更少，这也使得电影节的评选标准变得更加令人难以捉摸。戛纳电影节是释放想象力与野性的独特之地。魅力与高雅艺术、轻佻与严肃的对比与结合使戛纳成了独特的电影神坛。[1]

2014年是戛纳电影节创办的第67个年头，该电影节一直凭借自己的创办初衷与其他电影节区分开来。正如戛纳电影节第一任主席，法国诗人让·科克托所说："戛纳电影节是一个无关政治、无人管辖的国度。""平等、自由、博爱"是戛纳电影节的宗旨，这体现的是一种情怀、一种理想、一个包容的论坛，只要你有才华，不分国籍，不分老幼，没有偏见，就来这个国度相聚，我们只因电影相聚在一起。

戛纳电影节不是应付式的，而是突出拳头文化，办成国际盛会。它的历史和精神在世界中奠定着它的地位，如果没有电影节，戛纳什么都不是，其围绕电影节这个重要的活动和品牌进行了诸多的宣传，在业界具有了标杆性的效果。

1 Agnes Poirier, 吕进. 你应该关注戛纳电影节的N个理由[J]. 英语沙龙（锋尚版），2014, 8.

2. 围绕电影节打造创意文化航空母舰

城市是创造文化的大容器，而文化的多样性则是文化生生不息、繁衍绵延的基础和动力。[1]大家都知道戛纳有个国际电影节，但是，戛纳不只有电影节。每年6月初夏，有"广告界奥斯卡"之称的戛纳国际创意节也是一个拥有国际知名度的创意品牌，其间业界顶尖的创意人才和众多媒体人士在此聚首，带来全球创意思想的碰撞。戛纳的创意节涵盖电影、广播、网络、公关、营销等奖项，使戛纳在万众瞩目中成为"创意之巅"，和音乐、电影、商业一起支撑起了戛纳的广告世界。

戛纳的电视节、音乐节、赛船节等众多文化活动激活了戛纳旅游业、会展业的蓬勃发展，日久形成城市的一种气质，吸引着八方来客。

1 陈圣来. 大型活动对特色文化城市建设的贡献[J]. 中国社会科学报，2014，9.

3. 依托自然条件营造城市独特景观

戛纳的自然条件是得天独厚的，如果没有风光逶迤的地中海风情，戛纳也许没有这么大的文化魅力，这些自然条件成了戛纳的秘密武器，给戛纳带来了非常好的先天基础。然后，戛纳市政府懂得如何利用这些自然景观来表现其城市魅力，这为戛纳的发展提供了良好的保障，绝不为了发展工业而无视城市环境的建设，把阳光、沙滩、游艇等很多地方都有的景观经营得非常有文化气质和代表意义，形成非常独特的城市景观。

4. 打造成一个让年轻人有梦想的地方

很多人都说戛纳是一个有梦想的地方，戛纳对年轻人那么有吸引力的一个原因是它的电影与创意能让人们产生梦想并让他们可以追逐人生的目标。在影视界，有多少人靠着戛纳的红地毯成名，又有多少人明星梦从这里开始并最终获得成功。在这里，戛纳给有梦想的年轻人提供展示的舞台。戛纳电影节不仅是明星的专场，也是让普通人感受明星般礼遇的地方。

戛纳给年轻人的除了明星梦还有创业梦，各大企业的CEO都出现在戛纳创意节并发表演说，如宝洁、联合利华、可口可乐、帝亚吉欧等企业的高层，由于他们的企业驻扎进戛纳，他们带动了很多在戛纳成长起来的设计团体，并已成为设计界的精英，这些平台造就了它们连接和吸引消费者的新途径。[2]由此我们可以知道一个城市要有活力就必须能吸引年轻人，富有激情理想的年轻人是所有城市的宝贵财富。

2 韦棠梦. 因创意集结的戛纳[J]. 中国中小企业，2011，10.

图1-12 戛纳电影节从历史走向现代

图1-13 人们排队去创意节颁奖典礼

图1-14 戛纳国际创意节的主会场

1.2 音乐之都维也纳的丰富历史遗产

维也纳是奥地利九个联邦州之一,是欧盟第七大人口城市,是奥地利首都,也是奥地利最大的城市和政治中心,既有着"世界音乐之都"之称,又有精美绝伦的建筑而被称为"建筑之都",又以历史悠久而被称为"文化之都",以精妙绝伦的装饰而被称为"装饰之都"。同时也是石油输出国组织、国际原子能的总部等很多国际机构的驻地,现在它依然是仅次于柏林的第二大德语城市。音乐一直是维也纳的灵魂,其悠久的音乐遗产延续至今,成为一张

图1-15　维也纳随处可见的历史建筑

图1-16　维也纳的城区建筑样貌

代表维也纳的名片，使其在世界远近闻名。本节重点研究维也纳是如何利用其丰富的历史文化遗产来发展城市的。

1.2.1　维也纳的城市发展现状

维也纳有1800多年的历史，在18世纪中，当局改革教会，发展艺术，维也纳成为欧洲古典音乐中心，享誉世界，其市中心有大量的古城区建筑被列为世界遗产。

在欧洲，维也纳是第五大富裕城市，因为维也纳政府和其企业同欧洲其他国家有良好的关系，许多国际大企业在维也纳设有代理机构或直接把总部设在维也纳，如法国拉法基集团、拜尔斯道夫公司等。

维也纳和戛纳一样也是负有盛名的国际会议城市，每年承办将近150项国际会议，多于巴黎及新加坡，成为第三座联合国驻地城市。

1.2.2　维也纳的城市发展经验

维也纳在国际上的知名度为其发展带来很多优势，它把自身的音乐特色和现代城市功能发挥得相当出色。在这一点上，我们可以学习维也纳根据本地城市特色来规划我们的城市。例如广东地区有喝早茶的习惯，怎样把这样一种城市习惯通过设计成为一个城市的艺术形式对外宣传，成为我们需要探讨的问题。

1. 音乐遗产得天独厚，把音乐发展到极致

维也纳是音乐的象征，因此这个城市有很多音乐的印记。这里天才涌现，名家辈出，贝多芬、莫扎特、施特劳斯等音乐大师，更是名垂千古。首先在很多地方都有音乐家们的塑像，并且很多建筑以其命名，众多音乐家故居、墓地都是一个可以供人们前往参观的地方。与此同时，维也纳大力出资建设或维护音乐设施，其中最豪华和最出名的就是维也纳金色大厅，经常有各类交响乐团在此演出。[1]

众多辉煌的音乐厅和演奏团队，配合着知名的音乐历史，维也纳是实至名归的"音乐之都"，它的音乐魅力使其成为世界上不可替代的地方，让众多游客对其趋之若鹜，特别是音乐爱好者，梦想着可以到维也纳金色大厅，并且都以到那里朝圣为荣。

在维也纳每一家都会在合家欢乐时演奏古典音乐。夏天还举行露天音乐会。维也纳有的不仅仅是音乐，除了音乐还有很多围绕音乐开展的艺术活动，如戏剧、电影、舞蹈、歌剧、狂欢节、化装舞会、"维也纳之春"艺术节、多瑙岛节、艺术展览等，它们共同打造一体化的文化艺术盛典，这是让维也纳永远出众的文化魅力。

一座城市浓厚的艺术氛围往往会给人带来与其他城市不同感觉，使人精神上受到艺术熏陶，流连忘返，所以城市最好的名片就是这座城市的艺术，而维也纳音乐就是这座城市最大的艺术。

1 胡扬吉. 关于音乐资料数据库若干问题的思考[J]. 音乐探索（四川音乐学院学报），2000，12.

图1-17　维也纳金色音乐厅

图1-18　维也纳的音乐演出

图1-19　维也纳的街头音乐活动

2. 传承历史文化，建设特色城市景观

城市建筑景观就是一个城市的门面，维也纳有着悠久的历史，大量的雄伟建筑是罗马帝国及奥匈帝国时代留下的，具有非常突出的古典美，对其成为一个经济、旅游业发达，深受国际社会关注的城市有重大的作用，而且整洁干净，使游客感到非常舒服惬意，这些雄伟的建筑也成为维也纳不可或缺的名片。

维也纳城市规划从内到外分为三层。内城是老城，有大量古典式建筑，如圣斯特凡教堂，非常引人注目，还有博物馆、市政厅、大学、国家歌剧院等众多知名建筑。中间层则主要是商业区和住宅区。外层是工业区、别墅区、公园区等，其中在城市北面的多瑙公园较为出名，有大量游人前往游玩。

维也纳的豪华建筑及高楼不多，但地铁、地面公交系统以及步行网络非常多，这些都是由详尽而严格的建筑规划法令控制的。

维也纳的建筑多是意大利文艺复兴式时期的建筑，在建筑的多个地方均有大量的雕塑，富有文化内涵，烘托着维也纳的音乐艺术氛围。

图1-20 维也纳的道路交通状况

图1-21 维也纳的建筑雕像

图1-22 奥地利国家美术馆的雕塑

图1-23 多瑙河上的风光

维也纳多次被评为全球最宜居城市，除了音乐光环和历史建筑外，它的多瑙河风光非常优美，维也纳还因此被称为多瑙河的女神，当游客们漫步在蓝色多瑙河畔，一边沉浸在城市美景与经典音乐旋律中，一边欣赏城市美景，与这位"多瑙河女神"进行一次心灵对话。这座城市留给人们的是美好的印象和艺术魅力，让维也纳能够长期保持巨大的吸引力。

1.3　希腊雅典的神圣与遗憾

古希腊是西方最古老的城市，也是欧洲哲学的发源地[1]，被誉为"西方文明的摇篮"，对欧洲以及世界文化产生过重大影响，公元前5世纪成为西方最发达的城市之一，其文化在世界文化艺术中熠熠生辉，在音乐、数学、哲学、文学、建筑、雕刻等方面均取得卓越成就，对欧亚非三大洲有重大影响。古希腊有众多文化伟人，如阿里斯托芬、埃斯库罗斯、苏格拉底、柏拉图、毕达哥拉斯、欧几里得、菲迪亚斯等，这些人为世界文化艺术奠定了深厚的基础。雅典还是现代奥运会的发源地，曾先后在1896年和2004年举办过第一届夏季奥运会和第二十八届夏季奥运会，并且每届奥运会都要从雅典采集圣火。

1　（英）彼得·霍尔著，黄怡，译. 社会城市——埃比尼泽·霍华德的遗产［M］. 北京：中国建筑工业出版社，2009.

图1-24　雅典城区一角

图1-25 围绕雅典神庙而建的建筑

图1-26 雅典的交通发展状况

图1-27 雅典的街头状况

雅典是希腊的首都,有400多平方公里的土地和非常多的历史遗迹,如卫城的帕特农神庙、雅典卫城等,被视为西方文化的象征。第一次世界大战后,雅典成为希腊的经济和贸易中心,是欧盟商业中心之一。因智能女神阿西娜的关系,雅典还被视为"酷爱和平的城市"。

1.3.1 雅典的城市发展现状

希腊是发达的资本主义国家,是巴尔干地区最大的经济体。其农业、海运业、旅游业都非常发达,工业则主要是轻工业,是希腊的经济和贸易中心。雅典的城市从表面看不是非常现代化,很少有玻璃外墙的标志性建筑,交通也不是非常发达,是一个正在逐步走向现代的传统城市。

旅游是雅典的重要经济支柱,雅典至今仍保留了很多历史遗迹和大量的艺术作品,每年都有约700万人从世界各地前来观光或度假,其中人们去得最多的旅游地是爱琴海、雅典卫城、帕特农神庙、古市集等,雅典卫城和尹瑞克提翁神庙是西方文化的象征。这些完整的古建筑群使雅典具有非常突出的历史文化,使其旅游业非常发达。

雅典还和非常多的城市建立了友好城市关系，其中我国的深圳就是其中之一，双方在经贸领域交流密切，由于开通了双方的贸易道路，为其发展带来了很多的机会和挑战，也间接地促进了其旅游业的发展，是个宜居的城市。

1.3.2 雅典的发展经验与教训

雅典曾经是世界最大的城市，也是古希腊国力强盛的象征和缩影，拥有奥运圣火、哲学家、古建筑等三种有着世界知名度的标签，对各地的人们有着非常大的吸引力。雅典的成功之处就是没有让这些古老文化消失，而是在一定程度上对其加以保护与发扬，使得这个城市没有被世界遗忘，并且成为在世界面前一个独立的标签。

但由于经济及社会制度的原因，这个城市的经济发展不甚理想，国际影响力也在逐步下降，一定程度上影响了其文化的辐射力。

1. 重视并保护历史文化遗址

雅典在城市建设方面的一个睿智之处就是保留大量完整的古典建筑，使人们依然能从残

图1-28 雅典的现代建筑与历史文化遗址

图1-29 帕特农神庙旧址

图1-30 柏拉图雕像

余建筑中领略到希腊这个强大帝国的缩影，现在到雅典去的人多半是冲着这些建筑以及古文明散发出来的历史文化气息而去。

雅典全市有20多个历史博物馆和大量遗址，其中世界文化遗产帕特农神庙是最著名的古建筑遗址，雅典法律规定，任何建筑都不能比帕特农神庙高，因此在雅典看不到非常高的建筑，从中可见帕特农神庙在雅典人心中的地位和雅典人保护历史遗迹的决心。帕特农神庙历经了两千多年的风吹雨打，虽然如今已经破败不堪，但从屹立的柱廊中依然可见其当年的风姿，它代表了全希腊古典建筑艺术的最高水平，是伟大的典范之作。

除了历史遗址建筑外，雅典的雕塑也非常多，特别是古代哲学家的雕塑，已经深入世界各地人民的心中。每一座雕塑都威严屹立，雕刻细致，代表着雅典人对古代哲学家的无限尊重和崇拜。

雕塑往往能演变成一座城市甚至是一个国家的象征，如广州的五羊雕塑、美国的自由女神、新加坡的鱼尾狮等。古希腊的雕像富于理想与浪漫主义气质，雅致而返璞归真，代表着西方美术的发展水平，记录着古希腊的悠久历史，对其城市形象有着非常大的提升作用。

城市是文明的标志，除了建筑外还拥有自身的传统文化。[1]希腊城市就非常注重自己的传统与历史文化，虽然在现代经济和科技发展中，雅典并不是非常突出，但其能一直非常好地保持其传统文化的地位，在这方面，我们做得还不够，这些都需要我们学习借鉴。

1 王晖. 创意城市与城市品牌[M]. 北京：中国物资出版社，2012，3.

2. 奥运圣火的影响力不够

早在公元前700多年，希腊就有了运动会，是国际奥运会的发源地，如今奥运会的全球化也奠定了希腊的历史地位。雅典一共举办过两届奥运会，分别是1896年奥运会和2004年奥运会，2004年奥运会在雅典奥林匹克体育场举行，该体育场是目前世界上最好的体育场之一。奥林匹克圣火传递是奥运会的标志，从1934年开始，每届奥运会都必须到奥林匹克去采集火种，并接力传递到主办城市。

奥林匹克运动会在世界各国举办，其所到之处均为当地的经济、文化、社会带来巨大的促进作用。但在雅典，每届奥运会的火种传递出去后就再也没有雅典什么事了，可以说雅典没有抓住奥运会的神杖，没有发展奥运经济，这对于雅典来说是一大遗憾。在雅典的城市里也没有更多关于奥运的元素，甚至很多体育场都是空置的，雅典没有做到让每个运动员以到雅典参加比赛为荣，可以说它对奥运资源的挖掘是非常不够的，甚至没有发展出一个有世界影响力的运动俱乐部

图1-31　奥运圣火的传递仪式

图1-32　雅典现代奥林匹克体育场

或运动用品公司，在资源的再生方面也没有做好，只能把古老的文明当作一个遗址供人参观，把体育经济的庞大市场拱手献给了世界各国。其作为一个最重要的发源地，没有得到应有的发展，这是很可惜的。

　　参照戛纳、维也纳，它们都把自己的突出文化品牌经营得有声有色，把电影和音乐的活动办得具有世界影响力。雅典的运动精神和文化的确需要在现代国际格局与政治经济社会中好好规划，把奥运盛会融入雅典的城市建设，使雅典奥运重新得到复活，焕发出更大生机，为这个城市及国家带来新的促进作用。

1.4　意大利佛罗伦萨的艺术与文化

　　佛罗伦萨是意大利的知名城市。曾经是意大利王国刚统一后的临时首都，16世纪前后成为欧洲最耀眼的艺术圣地，以美术工艺品和纺织品驰名全欧，是欧洲文艺复兴运动的发祥地，举世闻名的文化旅游胜地。如今佛罗伦萨是举世闻名的文化旅游胜地和世界著名的文化创意产业基地，其国际当代艺术双年展与威尼斯双年展、米兰三年展并称意大利三大艺术展。

1.4.1　佛罗伦萨的发展现状

　　佛罗伦萨的经济发达，具有多种产业，如交通、机械、化工、制药、时装、家具和印刷等工业，也有各种传统的手工技艺，如木器家具、雕刻、珠宝工艺等，其中第三产业最为突出，如商业、银行业和保险业。

图1-33　从高处俯览佛罗伦萨的景象

图1-34　佛罗伦萨的商业广场

图1-35　佛罗伦萨街头的游客

图1-36　佛罗伦萨乌菲兹美术馆　　　　　　　　图1-37　第九届佛罗伦萨双年展闭幕式

佛罗伦萨是欧洲重要的商业中心，那里商业门类繁多店铺林立，多间国际时尚品牌店纷纷进驻，形成大片的高档商业区。佛罗伦萨的大型批发业也十分发达，其主要分布在郊区和奥斯马诺洛工业区以及佩雷托拉机场。意大利的珠宝首饰非常出名，合金首饰种类繁多，有各级K金、三色金、锡金等，其造型设计上都展现了不同的特色。

佛罗伦萨有发达的旅游业，全市有近4万个床位和2万多个露宿营地、假日农庄等，每年来自国外的游客超过800万人。佛罗伦萨的旅游业主要是文化旅游，如美术馆、博物馆等地方都是游客常到之地。

1.4.2　佛罗伦萨的发展经验

佛罗伦萨是著名的艺术城市，作为欧洲的艺术中心，佛罗伦萨对世界人民产生着巨大的吸引力，这些人带动了商业、旅游的发展，也让整个城市具有良好的经济基础和生活水平。佛罗伦萨的城市发展对广州有着非常大的借鉴作用。

1. 通过对历史建筑的保护来延续历史

意大利这个国家非常重视传统文化，对历史痕迹和遗存均有严格的保护法令。在长久的建筑中尽量完整地保留原物是意大利城市建筑文化的重要特征之一。意大利人对珍贵文化遗迹的保护和发展，成为意大利城市主要价值的一种体现。佛罗伦萨很多中心建筑群造型具有深厚的美学内涵，尽管历经了巨大的变迁，但其建筑美学和几何法则始终一脉相承，一直至今都几乎没有改变过。

佛罗伦萨的城市魅力正是来源于其对艺术特色的保持。从中世纪到19世纪意大利国家成立，艺术均在城市中扮演重要角色，众多著名的画家、雕塑家、建筑师和作曲家在城市中引领着建筑和音乐风潮。而正是有了众多卓越的艺术家们创造了大量的、闪耀着文艺复兴光芒的建筑、雕塑和绘画作品，佛罗伦萨才成了文艺复兴的重中之重，成了欧洲艺术文化和思想的中心。佛罗伦萨的城市是建立在古老文化基础上的，以其丰厚的文化底蕴向世人不断地展现出自己的光辉和灿烂。佛罗伦萨通过严格的法规和严谨的城乡规划保证建筑遗产不被破坏，文化遗产得到很好的维护，整个城市系统如人体般和谐统一，而且在不断完善中。

2. 大力发展现代设计业与艺术文化产业

佛罗伦萨是意大利乃至整个欧洲的文化中心与艺术中心，在中世纪末期，正是在这座古老的城市中，人们通过艺术向上帝宣战，一场高扬人文主义的文艺复兴运动掀起了全球精神文化领域的重大革命，使得欧洲社会焕发出蓬勃的生机。这曾经的辉煌至今未曾凋零，佛罗伦萨处处可见历史的遗迹，如米开朗琪罗广场、大卫像、乌菲兹美术馆、百花教堂等都集中体现了佛罗伦萨的历史文化，这些都成了佛罗伦萨的文化地标。佛罗伦萨是一座具有悠久历史的文化名城，它的历史意义毋庸置疑，经过时间的流逝也在不断地发展、不断地蜕变中，吸引着更多人去欣赏它的内涵，感受它的文化气息，激发自己的设计灵感。历史的那种隐隐的情感始终存留在这座城市的气息之中，令人十分向往和尊敬。这也对发展现代设计产业有着巨大的影响。

佛罗伦萨有着浓厚的艺术氛围，其现代设计业非常发达，拥有意大利三大艺术展之一的国际当代艺术双年展，是蜚声海内外的创意盛会。通过双年展的影响力，佛罗伦萨不再只是一个文艺复兴的发源地，还成为了年轻艺术家们的聚焦点，在欧洲各类艺术展与创意产业中占有重要的地位。

1.5 埃及开罗的历史与艺术

开罗处于尼罗河三角洲位置，是埃及首都以及埃及最大的城市，也是非洲以及阿拉伯世界最大的城市，与地中海、阿拉伯沙漠、撒哈拉沙漠、尼罗河谷相接壤。开罗有五千多年的历史，位于埃及的北部，是埃及首都及经济、文化、商业和交通中心。开罗由开罗省、吉萨省和盖勒尤卜省组成，通称大开罗。开罗是世界上少有的最古老的城市之一。开罗受到战争的破坏较少，经历历代王朝和政府不断修建和不断的扩建形成今天的这个古今并存、相互辉映的城市格局。

1.5.1 开罗的发展状况

开罗是埃及最大的工业城市，也是旅游中心及金融中心，吸引了大量游客，每年创造了埃及1/3的国民生产总值。但作为非洲国家，长期处于殖民统治下，二百多年来，西方一直企图以开罗为起点，进行殖民化改造，打开伊斯兰世界的缺口。因此，相对于发达国家而

图1-38 开罗最繁荣的一角（视觉中国）

图1-39 开罗附近的撒哈拉沙漠

图1-40 开罗的贫民窟

言，埃及的整个社会发展比较落后，文化、商业、旅游等均不发达。因为经济的落后，文化也严重跟不上，教育的落后让市民素质比较低。因此开罗的灿烂历史文化并没有得到有效的彰显与发展，经济的落后让整个社会变得没有活力。

1. 开罗的气候条件较恶劣

埃及是亚热带沙漠气候，条件非常恶劣，就连位于尼罗河三角洲附近的首都开罗也是黄沙漫天的，年降水只有29毫米。尤其在每年的4月到10月，炎热干燥，几乎滴雨不下，气温可以高达40℃，有的地方甚至飙升至50℃以上。由于开罗的气候条件，其经济建设和社会发展受到一定的影响，没有办法跟其他历史文化名城相比。但正因为其沙漠的环境，使得这座千年古城的历史、文化显得厚重而博大，自然景观和古老的建筑显得非常壮丽、宏伟。

2. 经济落后导致城市进程缓慢

埃及长期遭受殖民统治，经济落后，到第二次世界大战后才获得独立，此后大量人口向开罗集中。但这些人们文化程度低，参政意识淡漠，社会交往有限，难以融入开罗的城市文化。

1 王林聪. 中东国家民主化问题研究 [M]. 北京: 中国社会科学出版社, 2007, 74.

由于有着这些特殊的历史背景，使开罗形成了边缘畸形化群体。[1] 这些边缘群体集结在埃及周围，形成庞大的贫民窟，成为埃及城市发展中甩不掉的巨大包袱，严重阻碍了埃及的发展，使开罗无法实现经济效益的增长，而且因为大量繁杂人口的聚居，开罗的交通拥堵是全球最严重的。

3. 环境污染影响了城市对外形象

随着人口增长和城市发展，开罗环境问题日渐突出，排水、交通等基础设施严重不足，生活条件恶劣。同时大气污染严重，汽车排出的大量废气以及家庭和工厂排出的碳氢化合物，使空气中二氧化碳加重。由于绝大部分垃圾都被丢弃到河流里，甚至街道上，开罗像是一座漂浮在垃圾上的城市。1981年埃及议会讨论开罗污染时，认为开罗已成为世界上最受污染的一个首都。[2] 世界卫生组织将开罗列为高颗粒含量城市，成为全球十大污染城市之一。环境的恶劣让人很难把它跟一个发达城市联系起来。

2 梅保华. 古老的现代化城市——开罗 [J]. 城市问题丛刊, 1983 (1).

1.5.2 开罗的经验教训

开罗虽然是世界最古老的城市，但由于其国家制度、历史状况、文化背景等原因，现在的发展存在诸多问题，没有先进的城市发展理念，没有全国经济社会进步的大潮流，因此它虽然拥有全世界最古老的文明，但是它依然是落后的，与富强、民主、先进的城市发展差之甚远。

但古埃及遗留下来的胡夫金字塔和狮身人面像、清真寺等历史遗迹依然存在并且得到较好的保护，埃及的古文明和历史，对世人有着强烈的吸引力，在旅游方面还有一定的发展潜力。在其城市发展中也有一些值得我们学习的地方，大致有以下几个方面。

1. 只要历史建筑得到保存旅游业就能发展

开罗的历史遗址保护得非常好，因为一千四百年来，很多入侵者都不敢随意破坏，至今还保存着近千座清真寺和宣礼塔，使不同年代的文化得到彰显。同时还有开罗大学里的藏书也在经历了多个年代后得到完好保存。此外还有埃及博物馆，它收藏了几千年来的历史文物20多万件，成为开罗城区的一大亮点。

开罗历史文化中的杰出代表是世界八大奇观之一的金字塔及狮身人面像，它们气势宏伟，在遍地黄沙的平野上向游人展示着墓主昔日

图1-41 开罗的历史遗址

图1-42 胡夫金字塔和狮身人面像

的威仪。还有法老王石像、纯金制作的宫廷御用珍品、大量的木乃伊、重242磅的图坦卡蒙纯金面具和棺椁，其做工之精细令人赞叹。

正因为开罗还保留有这些历史遗址，才有旅游业的发展，让这个城市还在世界文明中具有一席之位。在介绍埃及文化、特别是介绍法老时期和希腊、罗马时期的古物方面，是无与伦比的。对于任何一个城市而言，如果没有特色历史文化和旅游景点作支撑，在旅游市场上都是没有影响力的。

2. 后期建设要紧密围绕城市文化特色

开罗的城市建设虽然缓慢，但也有发展，兴建了很多新的建筑。难能可贵的是在其新的

图1-43 开罗城市博览会展馆效果图

图1-44 开罗某现代建筑效果图

城市建设里面能够始终围绕自身的历史文化开展，产生了很多新的大型建筑，例如，埃及政府打算在开罗与东部苏伊士运河沿岸城市苏伊士之间建造一座新行政首都，面积700平方公里，设置25个居民区，可供至少500多万人居住，并将其打造成商业中心，减少开罗城市压力。比如开罗城市博览会展馆已经启动，从设计图纸上看该项目将沙漠地貌和开罗元素很好地表达了出来，是埃及具有现代化意义的地标性建筑之一。

此外还有许多在建或计划建造的建筑也很好地融合了本土的历史文化元素，能为古老的埃及融入一些现代的发展气息。在下面的某建筑效果图中，虽然只是简单地用了一个雕像，就已经把埃及的历史文化融了进来，在其他的柱子和墙面形象中也用某种历史元素体现。这种古今贯穿的手法将埃及古老文明与现在文明完美结合。

图1-45 埃及无名英雄纪念碑

　　在无名英雄纪念碑的设计中，其色调、形态、纹饰都带有非常浓厚的历史元素与埃及的地理特色。这些建筑可以使得开罗在城市发展中融入自身的文化，不会变成"千城一面"，同时又不失现代建筑的厚重和精美。由此可见开罗虽然因为经济文化的落后而发展缓慢，但后期在城市特色和旅游业方面还具有一定的发展潜力。

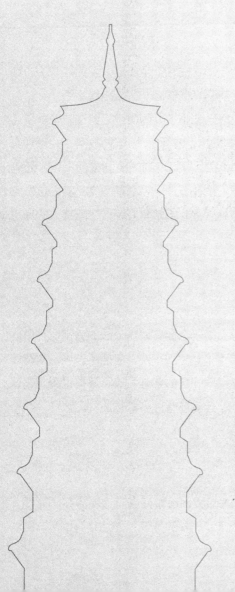

第二章

国内城市的特色与
发展经验

广州城市的发展需要十分慎重地制定相
关策略，除了研究国外城市外，还要多
借鉴国内的兄弟城市，为了避免走弯路
和错路，本项目在系统考察了全国近20
个城市后，以4个城市为例寻找适合广
州发展的经验和教训，为建设广州提供
理论参考。

2.1 北京的城市特色与发展经验

北京是中华人民共和国的首都、直辖市、国家中心城市、国际大都市，是全国政治中心、文化中心、国际交往中心、科技创新中心。北京是首批国家历史文化名城和世界上拥有世界文化遗产最多的城市，三千多年的历史使北京拥有故宫、长城等数不胜数的历史遗址，是世界知名的历史文化名城，同时也是现代创意之都，是中国最具有吸引力的城市之一。作为我国的首都，北京对中国人的吸引力是巨大的，这里聚集了大批怀有梦想的年轻人。但因近来雾霾的影响，北京的环境让人担忧，迁都的传言一直不断，这给北京发展带来巨大的不确定因素。

2.1.1 北京的城市发展现状

北京是著名的世界购物大都市，商贸中心与商业街发展成熟，全市较大型的购物中心数量达上百家，商业街（如王府井大街、西单商业街与前门大栅栏等）客流络绎不绝。

北京是国际交通枢纽，首都机场的客流吞吐量位居全球第二，同时也是我国教育最发达成熟的城市之一，清华北大等中国最著名的学府聚集于此。截至2016年的数据，北京现有91所高等院校。同时，北京有很多大型图书馆，如排名世界第三的中国国家图书馆，还有中国科学院国家科学图书馆与北京大学图书馆在规模上也在亚洲排名靠前。文化实力位居全国前列。由于资源丰富，因此吸引了大批优秀的青年人，来北京求学几乎成了所有人的理想和奋斗目标。

2.1.2 北京的城市艺术特色

北京的世界遗产资源位居全球的首位，也是世界上第一个拥有地质公园的首都，并由此而衍生出丰富的环境资源与旅游优势。北京的旅游景点多达200多处，包括：长城、故宫博物院、天坛、圆明园、颐和园、恭亲王府等，其中有世界闻名的名胜古迹，还有世界文化遗产，历史文化名城特色十分明显。除了世界文化遗产，民间还有许多非物质文化遗产，这些文化遗产为北京城市的艺术特色奠定了基础。

1. 皇城气质与民俗风情得到大力彰显

北京承载着3000年的历史变迁，曾是六个朝代的都城，都城开端可追溯到燕国时期。从燕国开始，帝王们在北京陆续建造宫殿、庙坛、陵墓、园林等建筑，使北京集聚了丰富的

图2-1 北京故宫博物院

历史文化遗产。其中著名的故宫博物院是全球现存面积最大的宫殿，建筑和谐规整、宏伟庄严、华丽堂皇，是世界少有的建筑珍宝，被列为世界文化遗产。

除了宫殿建筑外，北京还具有较多地方性的民俗特色，其中有北京小吃、京剧、京韵大鼓、相声、舞台剧、铁板快书、景泰蓝、牙雕、毛猴、漆雕、赛蝈蝈和蝈蝈笼、吹糖人、捏面人等，这些有不少都被列入非物质文化遗产，这些民俗风情丝毫没有因为皇城的威严而受到影响，相反得到大力地发展和张扬。

2. 北京现代城市规划层次清晰明确

北京在现代城市规划中，已形成了层次分明、体现古今的中轴段落划分。城市中轴自北朝南区分为三大主题区域，分别代表时代、历史和未来。北端的时代区域围绕奥林匹克公园打造以运动为主题的休闲文化区。中端的传统段落围绕钟楼、天安门广场至永定门城楼打造以民俗为主题的文化区。南端未来段落延伸至五环外的广阔区域，围绕商业街区、艺术馆、博物馆、图书馆、音乐厅、科学与居住等展开充满魅力的现代城市发展。

北京的清晰规划既保护了历史特征，又发展了现代城市，古今结合而又区分明显，是城市规划中的一个特色，弘扬了历史文化，保护了历史文化名城风貌，形成了传统文化与现代文明交相辉映，提高了国际形象力，将使北京成为空气清新、环境优美、生态良好的宜居城市。

2.1.3　北京的城市发展经验

1.　创建智慧城市，创造新机遇

早在20世纪末，北京就提出要建设数字城市，经过16年的努力，其信息化水平发展迅速，并在2012年发布《智慧北京行动纲要》，率先提出了"智慧北京"的概念，就交通拥堵、医疗信息、城市安全等问题提出解决思路。[1]

随着人工智能在我国的发展，人工热潮也飞入了寻常百姓家，不断成为人们热议的话题。然而人工智能的作用不仅呈现在话题中，更得到各地政府的不断重视和支持，特别在智慧城市建设过程中，智慧城市的建设在信息化发展中各国都在尝试，引领着新的城市发展方向。经过几年的建设，北京的"数字城市"形成了以大数据技术为基础的公共服务平台，成为智能交通、电子政务、智能金融、智慧医疗等各领域建设的重要助力。截至目前，"数字西城"、"数字通州"、"数字东城"、"数字朝阳"等众多数字产品通过验收正式上线运行，体现了一个现代大都市的发展水平，"智慧北京"将为北京带来转型新机遇。[2]

2.　发展创意产业，激活历史遗产

文化创意产业是北京的重要支柱性产业。北京将石景山废旧工业区变身为创意产业园，是北京通过创意产业激活历史文化遗产的典型范例。石景山老工业区在创意文化的助力下，调整并激活区域经济，实现产业转型，形成集聚创意文化与高技术服务的特色区域，服务范围涵括工业设计、动漫、游戏、信息安全、数字媒体等领域。在石景山区文化创意产业所涉的领域中，软件和信息技术服务所占比重最高，而且发展稳定，保持了较高增长速度。石景山老工业区的创意改造，延续了首钢时期的企业品牌和工业设施，把老厂区开发为动漫游戏城；虽然以动漫游戏、数字影视为主的辖区文化创意产业曾一度低迷，但是随着所谓共生的虚拟现实、增强现实等新型数字产品在动漫游戏、数字影视等领域的扩展，石景山区文化创意产业将逐渐迈上新的台阶。同时，北京与文化与旅游部合作，围绕首钢的工业园发展创意产业，京西娱乐中心的文化积淀也被开发为创意旅游项目。

3.　艺术文化集聚，提升旅游吸引力

目前，北京已认定20个以上的市级文化创意产业集聚区，北京

1 张立超，刘怡君，李娟娟. 智慧城市视野下的城市风险识别研究——以智慧北京建设为例[J]. 中国科技论坛，2014（11）：46-51.

2 温宗勇. 面向智慧城市的数字北京建设与发展[J]. 第八届中国智慧城市建设技术研讨会，2013.

图2-2 北京798艺术区

798艺术区隶属其一。北京798艺术区坐落于北京朝阳区酒仙桥大山子地区，故又称"大山子艺术区"，面积达60多万平方米。798艺术区通过引进艺术家与文化机构，对原有空置厂房空间等进行改造、装饰、设计，集聚画廊、艺术中心、设计公司、艺术工作室、酒吧等300多家创意机构，演绎着798文化概念。如今798艺术区的当代艺术与LOFT生活方式已闻名中外，成为对专业人士与普通民众有强烈吸引力的地方，已经引起了国内外媒体和大众的广泛关注，成为了北京都市文化的新地标。2008年后，许多外国游客已经把798艺术区和故宫、长城一起列为北京旅游必须逛的三大景观。前往798的游客多数是从事设计的工作者，大多数是寻找艺术元素，激发设计创作灵感。

4. 发展文化商业街，打造特色名片

特色商业街是北京进行国际商贸中心建设的重点领域，也是北京对外展现国际化大都市形象的重要窗口。北京从2000年开始，用十多年时间打造了多条商业街，形成了一种具有本地特色的品牌商业街格局。为保证特色商业街建设的有序开发，北京市各级政府制定颁发了一系列政策文件，为特色商业街的发展提供了有力的支持。商业步行街成为城市形象的代表和名片，从立项到建设，都是政府主导或参与，它的成败将直接影响区域经济的增长。

北京的特色商业街，或围绕古都特色风情，展现北京几千年的文化积淀；或以时尚现代的气息，展现北京国际化大都市的风貌；或集中体现现代人休闲的生活方式；或集中传达独特的专业品类文化，每条街都以独特的文化内涵为载体，立足特色定位，展现出不同内涵的商业文化。不同特色商业街已成为展示北京独特商业文化的窗口和符号，成为北京商业文明和显示现代化水平的城市名片。[1]

1　韩凝春，胡昕.
北京特色商业街
发展述论 [J].
北京财贸职业学
院 报，2013，29
（6）：14-18.

2.2　杭州的城市特色与发展经验

杭州市是浙江省省府，是优秀的文化名城，也是享名中外的旅游城市。在休闲业蓬勃发展的国际背景下，杭州致力于把城市打造成为"东方休闲之都"，杭州优美的自然环境与深厚的人文氛围为该城市的定位提供了有力的支持。

在国内外，人们提到杭州，往往首先想到西湖，西湖作为杭州的象征，比较集中地体现了西湖城市文化的特色。杭州通过对西湖等景区深度开发、梳理城区建设、提升旅游服务质量与国际接轨等方面的举措，通过对自然生态、文化氛围等方面的全面规划，深挖杭州的自然特色与历史文化，吸取国内外先进经验，打造休闲旅游之城。围绕西湖产

图2-3　杭州的城市印象

生的丰富文化内涵影响并渗透到整个杭州城市的文化生活之中。目前杭州的城市发展已取得卓越成效。

2.2.1 杭州的城市发展现状

通过改革开放的努力，杭州的城市建设与城市生活品质已达到较高水平，现在是浙江省的省会、浙江政治经济文化中心。社会秩序井然、治安稳定，各阶层和谐共处，城市的包容性、亲和力强。在城市生活品质层面，杭州的幸福指数排名全国第一，居民的消费结构已偏向国际旅游、国际教育、理财投资、健康养生等项目，达到中等以上发达国家的水平。

通过多年的建设努力，杭州的城市基础设施完善，时尚前沿项目如展览、音乐会、艺术表演、时装秀等日益丰富，也是世界休闲博览会和中国国际动漫节的永久举办地。杭州在休闲旅游、文化教育、创意时尚等方面已率先达到国际化层面。

2.2.2 杭州的城市艺术特色

1. 得天独厚的自然环境

杭州是亚热带气候，温暖湿润，动植物品种丰富，其西湖景区中外闻名，山水风光令人流连忘返，民间流传"上有天堂，下有苏杭"，堪称"人间天堂"。杭州除了西湖及周围的公园，几乎都是山地和丘陵，经过历代人的种植，杭州的植被覆盖率极高，是"森林之城"与"鲜花之城"，四季空气清新，景色宜人。春夏秋冬，阴晴雨雪，西湖山水或缥缈迷离，或明丽妩媚，清新秀丽的内在资质呈现出不同的形态，一切都饱含自然。这与广州的"花城"之称有着相同之处。

2. 先天禀赋的人文环境

杭州作为浙江省的省会，具备着先天禀赋的人文资源。杭州丰富的文化内涵，使得杭州的自然景色与人文相互交融，相得益彰。

杭州有深厚的文化传统，从古都文化到宗教文明无不沉积着杭州深厚的文化底蕴。杭州文物古迹，上溯到新石器时代的良渚文化遗址，下至近代共有1000处之多，其中，国家级、省重点保护单位49个。这里人才辈出，有灵隐寺、西泠印社、苏东坡诗文、精忠岳飞、张小泉剪刀、胡雪岩中药等一张张人文名片，使杭州拥有"文人之乡"、"文物之邦"、"文献之邦"、"人物都会"、"东南诗国"、"书画之邦"等美誉，孕育着杭州和谐、精致、开放、包容的城市气质，成为杭州立足于国际竞争的核心因素。

图2-4　胡雪岩故居

图2-5　西湖商业建筑的水墨意境

2.2.3　杭州城市发展的经验

1. 以独特城市风景打造江南意境

杭州具有优美的自然风光，因此在城市的特色营造中非常重视对自然风光的保护与开发。杭州的湖光山色所带来的旅游资源是杭州持续发展的一种重要力量。在发展旅游中杭州一直注重江南意境的表现，即使是一般的商业建筑也能体现出独特的江南水墨气息，让其山水风光跟其他地方的自然景色相区别。由此可见杭州对自然风光的重视和保留，这使杭州成为全国具有独特魅力的城市之一。

2. 以"茶都"文化提升城市集聚力

杭州市茶叶交易旺盛，其闻名天下的龙井茶更具市场竞争力，远近驰名，当中又以狮子峰出产的品质最佳，誉为"龙井之巅"，在市场上远销中外。同时还有清明节前夕所摘的茶芽称为"明前茶"，又叫"莲心"，是极为名贵的品种。古代杭州的茶文化往往与诗歌、绘画、对联等文学内容交融。古往今来，多少文人墨客留下了关于西湖的诗句、书法、画卷，古代有江南四大才子常聚集于此吟诗作对，留下许多诗词歌赋，供后人参考和考究。

杭州的茶文化为杭州的茶叶贸易带来积极的效应，它们的结合发展，促使杭州形成"茶都"集聚效应，利用茶文化建立自己的文化品牌。一改当初茶叶产业的无序、自发、杂乱的状态。同时，"茶都"文化的辐射效应，还为杭州保持中心城市活力起着重要的导向作用。

3. 立足天然资源，打造休闲之都

杭州的城市发展，具备着打造休闲之都的基础条件。区位上，杭州可作为亚洲繁荣的休闲文化补充；资源上，杭州具备相关的生态资源和气候；文化上，杭州城市的生活模式是休闲文化的"灵魂"。因而，杭州有着的区位、资源和文化背景，是杭州打造休闲之都、提高世界识别性的有力支持。杭州有着文化底蕴深厚、形态丰富、雅俗共享、自然和谐的特色，使杭州之湖光山色、风景名胜、文物古迹、风土人情无一不含有文化内涵，都可以成为人们休闲、度假旅游中，观赏、游玩、娱乐、品味、体验的丰富内容。杭州有关休闲之都的各种口号相继提出，并举办了世界休闲博览会，将杭州的休闲产业提升至更高层次。

4. 围绕西湖名胜，打造滨水旅游品牌

杭州的水体资源非常丰富，杭州根据本土的水体优势，打造出不少的滨水旅游品种，成功的滨水旅游对杭州城市整体旅游品牌的建立起着积极的作用。

杭州西湖风景区的主要旅游开发产品为环湖休闲产品，至今已细分为风格迥异的各项经典线路。以美食为主题的环湖景点，主要有知味观与味庄；以艺术表演为主题的环湖产品主要有《西湖之夜》、《印象西湖》、《宋城千古情》等。把自然风光、人文气息、历史文化都通过艺术手法进行整合与展现。这些自然和人文景观，既有感官美的享受，使人们观赏西湖美景的同时，悠然品味和领略湖光山水的自然之美，又能在心灵和精神上受到美的熏陶，徘徊于山水之间而又领略其文化内涵，深深感受到当地历史文化气息。

此外还有西溪湿地国家公园、京杭大运河（杭州段）等旅游名牌将湿地公园及大运河的特色向世界展示，成为杭州的另一个主打品牌。[1]

1 马伟杰，高静，胡芳芳. 杭州滨水旅游景区品牌形象定位研究——以西湖、西溪湿地、大运河为例 [J]. 北方经贸，2013（8）：169-171.

图2-6 西湖音乐喷泉演出

2.2.4 杭州对广州的借鉴意义

杭州是旅游大省，西湖是全世界人民都热衷于前往的地方，依托西湖品牌，杭州成功地对外传递了良好的城市形象。

西湖之所以能为杭州的发展带来那么大的品牌效应，那是因为西湖有传说，白蛇传让每个非杭州的人都向往到西湖边来走走，白蛇传说的爱情故事打动了无数人，许多人都想来西湖感受当年白娘子和许仙的爱情故事，也以一睹雷峰塔为荣。从另一个侧面来说，杭州的传统文化经营得非常出色，通过教科书、电视剧等方式让世人皆知其悠久而美丽的历史故事，带动其成为历史文化名城。

广州的传说也有很多，但是缺乏宣传和经营，在民间流传较少，没有引起名牌效应，人们对广州的认知仅停留在广州塔这些现代建筑。因此广州应当把五羊传说、南越王故事、十三行故事等有广州特色的典故加大力度包装和宣传，使人们通过故事来认识广州，向往广州，才有助于带动广州在文化、商业、旅游方面的发展。让更多人了解，广州不仅是一座现代化大都市，更是一座历史悠久的文化名城。

2.3 西安的城市特色与发展经验

2.3.1 西安历史与旅游设施

西安是我国古代古都城市，又名长安，是举世闻名的世界四大古都之一，是中国历史上建都时间最久、建都朝代最多、影响力最大的都城，是中华民族的摇篮、中华民族文化的发祥地，有着"天然历史博物馆"的美誉。中国包括周、秦、汉、隋等13个朝代建都于此，在一千多年中一直是我国的文化中心。早在仰韶文化时期，西安就有了城市的初级形态，至今有多处历史遗产被列入《世界遗产名录》。西安的古都氛围与丰富的历史遗迹为西安的历史文化旅游创造了极大的吸引力，使西安的旅游经济在全国的旅游经济整体中有着举足轻重的地位。其中具有代表性的是秦始皇兵马俑、大明宫遗址、大雁塔等。这些遗迹最早追溯到秦汉时期，一直保留至今，的确是中国的奇迹和骄傲。

1. 秦始皇兵马俑

"世界八大奇迹"之一的秦始皇兵马俑则展示了这座城市雄浑、厚重的历史文化底蕴。秦始皇兵马俑在临潼的东边，是全国重点文物保护单位与旅游胜地，是三个大型陪葬的兵马俑坑，总面积2万多平方米，有陶俑共7千多件。兵马俑的整体制作风格浑厚、健美、洗练，表现出当时秦朝军队在秦始皇的管制下纪律严格，这些陶俑的脸型与体态各不相同，拥有突出的艺术魅力。

2. 大明宫遗址

唐大明宫是东方历史建筑的代表，占地范围宽广，面积达到3.2平方千米，东西跨度达1.5公里，南北跨度达2.5公里，全宫共设11座城门。宫内格局分为正殿含元殿、正殿以北的宣政殿和别殿、亭、观等30余所。大明宫是唐朝宫殿的正殿，是唐朝的政治中心和国家象征。始建于唐太宗贞观八年，原名永安宫，是长安城三座主要宫殿中规模最大的一座。

图2-7　秦始皇兵马俑

图2-8 大雁塔北广场的景象

大明宫遗址是国家重点文物保护单位，是丝绸之路上的重要世界文化遗产，是西安城市发展重要文化印记，承载着盛唐时期的文化特色，是盛唐文化的重要研究史迹。1961年，大明宫遗址被中华人民共和国国务院公布为第一批全国重点文物保护单位。

3. 大雁塔

大雁塔是高僧玄奘奏请唐高宗建造的，又名"慈恩寺塔"，最初只有五层高，呈方锥形，外表为砖头里面是硬土。后来武则天进行了重修，并改为七层高的楼阁式砖塔，具有中国传统建筑风格。大雁塔当时葬有佛教舍利子万余颗，是代表佛教圣地的历史建筑，大雁塔是现存最早、规模最大的唐代四方楼阁式砖塔，是凝聚了中国古代劳动人民智慧结晶的标志性建筑。至今在大雁塔的门楣和门框上还保留着唐代线刻画和阎立本等名家真迹。

2.3.2 西安城市发展的策略

西安在关中盆地，境内地貌分为两大类型：北部地势平坦，平原辽阔；南部山地险拔峻秀，峰峦叠翠。[1] 西安的城市建设以自然资源为依托，以历史文化为特色，优化城市空间结构，满足现代化都市的建设目标，实现可持续发展的人文和生态环境。[2] 西安是中国最佳旅游目

1 李琪，曹恺宁，刘永祥. 西安生态城市建设目标与构建策略 [J]. 规划师，2014 (1).

2 张一成，邓金杰. 深圳生态城市内涵和低碳基础 [J]. 城市规划，2013 (3): 66-73.

的地、全国文明城市之一，是国家重要的科教中心，有两项六处遗产被列入《世界遗产名录》，分别是秦始皇兵马俑、大雁塔、小雁塔、唐长安城未央宫遗址、兴教寺塔。

1. 利用旅游资源，建设生态绿地公园

西安的历史文化遗迹数量众多，在全城覆盖面积宽广；同时，西安坐拥优美的自然生态环境。位于西安南部的秦岭被誉为中国的"中央公园"，是中国地理和气候的南北分水岭，俗称"秦岭淮河"。而其中华山也在西安的南部，华山的陡与峭、"华山论剑"的传说更是吸引了无数人前来征服和挑战，这是西安自然的旅游资源。西安从本地文化与生态资源并存的特色入手，对历史文化资源进行保护与再利用，建造特色的遗址绿地公园，以生态建造激活遗址，以遗址文化点缀生态，实现历史文化与生态的有机结合。

2. 打通现有遗址，让文化特色更加凸显

西安对城市的历史文化遗址采取"大遗址保护模式"的保护方式，其特征是：整体保护、恢复原貌和建造遗址公园。一方面，将秦始皇陵、大明宫等众多遗址综合起来建设历史文化廊道，另一方面，将零散的不同遗址进行打通，在求大同存小异的原则上对各个遗址进行整合，使西安的历史文化特色更好地彰显。

2.3.3 西安对广州的发展启示

作为旅游城市，西安凭借数量众多的历史遗迹，在文化感觉上比广州更具旅游吸引力。但在旅游人数、旅游收入、旅游设施建设水平等方面西安却都不如广州。除西安城区以外，很多地方的旅游吸引力也在相对下降。综合比较所得，西安在推动商务、会展、购物等方面的商业功能较广州发展弱，商业市场增速较慢，制约了旅游业的发展。

广州也应该在西安的发展中吸取一些经验教训，如在历史遗址的保护和宣传方面，加大对历史古迹的宣传，在对历史文化的营造与旅游业的包装推广方面都有完整的思路和发展步骤。

2.4 香港的城市特色与发展经验

2.4.1 香港的城市发展现状

香港素有"东方之珠"、"美食天堂"和"购物天堂"等美誉，香港是亚洲和世界上重要的贸易、交通、金融、旅游中心，是全球第三大金融中心，也是世界上巨大的出口商品生

产基地之一。仅次于纽约与伦敦，是全球经济自由度最高的地区。香港位于广东省珠江口以东，深圳河以南，香港主要由香港岛、九龙半岛和新界三部分组成，包括230多个大小岛屿。香港历来以经济自由、法制健全和治安优良闻名中外，在全球享有较高的声誉。

2.4.2 香港的城市艺术特色

兼具现代与传统的香港文化，有时会让人感到有点错愕，古典的茶餐厅给人以古色古香的老中国生活，但维多利亚港有让你不得不承认这里充满着现代感。香港的文化特色反映着香港人在历史条件下的生活模式与价值取向。香港建城过程中，没有根深蒂固的本土文化背景，因而在"文化沙漠"背景下成长而来的香港文化，更容易烙上殖民色彩与商业特征。香港的教育也同时兼备西方主张与中华传统思想，中西之长使香港的教育形成更完备的多层次教育体系。

在这种中西交融的文化下，香港的城市艺术特色也是在百年沧桑的历史演变中，碰撞、渗透、演绎，成为了独特的中西互融的特点。

1. 香港艺术中的中国元素

香港在地理位置上与广东省毗邻，绝大多数的香港人来自广东，讲粤语，流着中华民族的血统。香港的文化教育，虽然从100多年沦为殖民地后被英国教育模式介入，但英国的文化入侵，并未完全割裂香港对大陆文化的承传。这里的居民多是祖籍东莞、新安等县的本地人和来自岭南各地的移民，香港文化是广东文化甚至中原文化的延续。

由于香港人精通粤语，因而香港也流行广东的粤剧、粤曲与器乐，尤其融合了珠三角一带的生活文化、极富地方特色的粤剧可谓是传统文化的代表。香港戏曲艺术从唱腔、伴乐、音乐皆体现中国戏曲的精髓，同时又糅杂香港的生活文化习惯。中国传统器乐中的古琴、琵琶、二胡等，在香港也被传承得很好，并形成中西、南北互融的特色。

2. 香港艺术中的西方元素

从19世纪四十年代以后，殖民者侵略使西方文化进入香港，除了对这个"殖民地"进行军事征服、政治控制和经济掠夺之外，还通过宗教信仰活动、新闻传媒导致日常生活多种途径，对香港输入殖民主义和资本主义思想文化。早年香港的教育被蒙上浓厚英国色彩，而香港建筑是被西方文化影响最大的文化载体。香港的建筑，除了传统的住宅外，大部分都是英国设计的元素，包含了浪漫主义亦即哥德复兴主义或维多利亚哥德式的集中体现。同时也有古希腊与巴洛克一些古典元素出现，体现了西方19世纪的建筑文化与社会审美观念。由于长期接受西方文化的感染，香港从中也形成了自己的独特道路。

在这种西方设计审美的主导下，香港的建筑呈现出与我国大陆建筑完全不同的风格，如香港医学博物馆的建筑带有非常强的英国印记。在某些地方与香港传统的建筑格格不入，这也是殖民统治所留下的沉痛印记。

图2-9　香港医学博物馆

2.4.3　香港城市发展的经验

1. 打造世界级的盛大灯光夜景

香港的灯光夜景，在全球享有盛名。香港维多利亚港的夜景，是香港灯光夜景的魅力之最，吸引着来自全球各地的游客。由于港扩水深，为天然良港，香港亦有"东方之珠"及"世界三大夜景"之美誉。香港夜景的艺术表现种类繁多，集世界各种先进灯光表现艺术于一体。其主要表现形式有泛光照明、霓虹灯等，在布局时按不同场合和地点进行不同的表现方式。[1] 从维多利亚港的繁荣夜景到天星码头，配合城区的建筑灯光，形成了富丽堂皇的超级夜景。维多利亚港一直影响着香港的历史和文化，主导香港的经济和旅游业发展，是香港成为国际化大都市的关键之一。

> 1 朱理东. 香港夜景浅析 [J]. 灯光与照明，2009，33（4）.

2. 大力发展创意产业和旅游业

香港没有名山大川等自然资源及文化深厚的历史文化遗迹，旅游资源相对其他城市较为贫乏。但香港凭借自身都市文化的繁荣和创意文化的发达，推进本土旅游业的鼎盛发展。

香港的旅游业是重要的经济命脉，由旅游业而带动的服务业内容涵括吃、住、行、游、购、娱等方面。香港每年策划和实施大量旅游活动来宣传香港，其中中西方节庆是香港创意活动的题材，比如中国的春节、中秋节、端午节及西方的圣诞节、复活节与万圣节等在香港

图2-10 香港维多利亚港的夜景

图2-11 香港2016春节花车巡游汇演

都有市场，除此，还有香港的购物节、国际电影节等本土节庆。这些丰富的创意活动使香港的旅游业大放异彩。中国内地是香港旅游业最大的客源市场，随着中国政府批准更多的海外旅游项目以及中国公民出入境手续的进一步放宽，中国内地公民办理香港出入境的手续也越来越方便，吸引着越来越多的内地公民前来香港旅游。

由于香港的旅游宣传手法多样，产品标新立异，并充分利用名人效应，使得香港的旅游竞争力排名在全球靠前，并为亚洲最高。

3. 完善城市管理

香港的城市规划具有非常完善的法规和条例，如《香港规划标准与准则》、《建筑物条例》等。高效利用土地、资源优化配置与可持续发展是香港进行城市规划秉承的原则。在这样的规划原则下，香港市区建筑高度密集，但规整时尚；郊野风光与滨海地带风光怡人；市容干净整洁，交通顺畅有序，整洁理念深入人心。这些都是管理法规和多年的约束效果。香港在城市管理方面取得的效果，又带动了城市的综合发展，开始了良性循环模式。

不过香港近年来在购物上的强买强卖风波，以及港独势力的破坏，让香港的魅力消失了很多。香港要发展，始终要以祖国大陆为依靠，否则是走不远的。

第三章
广州城市艺术的现状与发展思路

要发展广州的城市艺术，必须先要对其现状有清醒的认识，本章从广州的文化本源开始，对广州海洋文化与土著文化分别作了论述，进而从广州的视觉识别系统与广州建筑艺术、桥梁景观艺术、公共空间艺术、创意产业园、灯光与夜景、各类艺术节、艺术院校及艺术名人等多方面的现状进行了梳理，并提出相关的发展思路。

3.1 广州的文化本源分析

广州是广东省的省会，是具有2200多年建城历史的千年商都。广州自古又称番禺或楚庭，后又因四季如春和五羊典故，被称作花城与羊城。它临近南海，位于珠江三角洲之北，是中国海上丝绸之路的发源地与重要港口，也是岭南文化与广府文化的中心地带。至今，广州已发展为我国颇具影响力的国际化大都市与历史文化名城。

广州是当之无愧的国际化大都市，为中华民族创造了不少辉煌，广州的地理位置临近江海，在海洋文化的作用下，越人（古广州人）擅长造船，从而造就了海上丝绸之路的辉煌。在唐代与明代，广州已是我国的第一大港，至清代时，广州更是"一口通商"，成为我国唯一的通商口岸。广州除了作为商都的辉煌，还是中国近现代革命的策源地和改革开放的中心试验区，为中国革命与改革建设创立下不少功绩。广州的文化、商业、旅游都高度发达，了解广州的历史与现状对广州文商旅的发展有更大的促进作用。[1]

1 何静文. 广州城市特点 [J]. 南方网讯, 2002（7）.

3.1.1 广州城市的发展历史

广州两千多年以来，一直担任华南地区的政治、文化中心。广州城市发展的历史，是提炼广州城市内涵、建立广州形象系统的宝贵素材。

1. 古代广州城的诞生

广州的古代称谓较多，较为著名的有任嚣城和番禺。任嚣城是广州最初的建城名称。商朝年间，广州所处区域又称南越，后因与楚国往来频密，又称为楚庭。秦国统一岭南后，建立了番禺；秦朝末期，赵佗合并桂林郡与象郡，建立了南越国并定都番禺，是为今岭南地区第一次建都城。赵佗建的广州城已经没有较完整的遗址了，但是在龙川县有第一县令赵佗设县治于此筑土砖城的遗址，大概可以看到当时的建筑风格。

2. 汉代至晚清广州的发展

东汉时期的岭南，是交州的管辖范围。建安十五年，步骘被任命为交州刺史，步骘见南海番禺适合设立州治，便请示孙权，在本地修城筑

图3-1　越秀公园的五羊石雕

图3-2　龙川县的佗城门楼（汇图网）

图3-3　解放前的广州景象

廓。孙权批复后，把当时的交州拆分为交州与广州两处，广州因此而得名。贞明三年，刘岩
立国，并把国都定在广州，后改国号为汉。至唐代时期，广州已划分为三城格局，分别为：
牙城、罗城和子城。至清朝，广州成为中国对外的唯一通商港口。

3. 民国至解放初期广州的发展

　　广州在民国时期，经历了洋务运动、武昌起义、中华民国国民政府成立、孙中山创办
广州政权等革命大事。1921年，广州确立成为中国第一个"市"。1938年，广州被日本占
领，进入七年沦陷。1949年，南京国民政府迁都广州；同年10月，广州解放。

3.1.2　广府文化的发展历史与体现

广府文化是从岭南文化派生出来的，是盛行于珠江三角洲的粤语文化。广府人主要由早期移民与古越人组成，在中原文化与原始土著文化的相互作用下，聚集成以粤语为中心的广府文化核心地带。广州是广府文化发生的核心地带，在较长时期中，广府文化影响着广州生活文化的形态。广府文化的各项元素体现着广州城市的特殊性，因而探究与宣扬广州的城市魅力，可从广府文化进行切入。

广府文化与岭南文化类目多元，包罗万象，广州是广府文化与岭南文化的中心地带。但广州未能从中提炼出具有统领意义的象征元素作为广州城市形象的识别标志。其次，广州对广府文化与岭南文化的文化传承存在区域割裂性，广府文化与岭南文化大多以资源遗产的形式留在旧城区，当中的文化意象未得以全城普及，致使广州新旧城区面貌割裂，没有形成统领全城的对外文化面貌。

1. 广府文化的特征

广府文化来自于移民的文化。在秦国的统一下，中原移民携其所属的先进文明开始流入岭南，这些先进文明大大提升了岭南地区的生产力。移民高潮与人口增加，让广东不断迎接外来文明的冲击，广府文化也在不断更新的文化因素下，不断被丰富成为兼容、开放的独特模样，对广东乃至海外华人产生着深远的影响。

2. 广府文化的表现

广府文化的成因，造就了其历史悠久、个性鲜明、层次丰富的特征，并渗透至广东文化的各个领域，包括建筑与园林，文学与艺术，绘画与音乐，甚至是宗教、饮食、风俗等各个文化层面，在广东文化中占有突出的地位。

广府文化在各个领域中常被作为粤文化的代称。广州话称为"粤语"，广州戏剧音乐称为"粤剧"、"粤曲"、"广东音乐"；广东饮食文化中"粤菜"一词常指广州菜；广州工艺美术品的重要品类被称为"粤绣"、"广彩"、"广雕"等。在节俗上，广府文化既体现对中原文化的传承，又体现地方特色。广州南汉时期就有除夕花市，广州番禺有飘色游艺活动，珠江三角洲各地还有龙母诞、何仙姑诞等广东特色民俗活动。

广府文化在建筑的体现，突出表现为广东早期的民居。"三间两廊"是广东民居早期大中型住宅的基本格局。清末，出现了西关大屋，西关大屋以灵巧的间隔应对着当时密集的居住条件，其特色风貌表现在紧凑的间隔、三重门、水磨青砖与花岗石立面。

广府文化在绘画的主要表现为"岭南画派"。"岭南画派"产生于20世纪初期，其风格求新立异，别具一格，技法多样，至今成为广东的绘画主要流派。广府系列的工艺美术，品类多样，享誉世界。广州的主要工艺美术品有玉器、象牙雕、广绣、积金彩瓷等；肇庆的主

图3-4　广府文化印象

要工艺品有端砚；佛山的工艺品包括陶瓷、彩扎灯色等，其他地区还有新会的葵扇、南海的爆竹等；其中以端砚、粤绣、雕刻、陶瓷最为出名。

3.1.3　海洋文化与海上丝路的影响

海洋文化无疑也是我国文化的组成部分。因为作为一个拥有1.8万公里余海岸线、300万公里余海疆的国家，中国无疑是一个海洋大国。广州是沿海城市，其和内地很多城市不一样，有着丰富的海洋资源与历史，是海上丝绸之路的起点，海洋文化是贯通广府文化发展的主线。

对广州海上历史文化的塑造可以让广州具有与其他城市完全不一样的形象。海洋文化是孕育广州建城发展的母文化。[1] 广州由海洋文化孕育而来的商业文化，历史悠久，一度鼎盛，至今仍有十三行和骑楼等繁华痕迹。同样作为海洋文化孕育的商贸之城，广州的商贸文化不及香港，这与广州经济发展及对文化资源的疏于保护与利用有关。

广州是海上丝绸之路的起点，海上丝绸之路奠定了广州在历史上不可取代的位置，广州可从海上丝绸之路文明上挖掘区别于其他海洋城市的独特资源与文化，在商贸环境上取得突破发展。海洋经济在中国整个经济份额中占有很大的比重，我国的航海事业曾一度达到顶峰的辉煌。可惜此后因海运没落与海禁等影响，中国逐渐与世界脱节，海上丝绸之路开始从鼎盛走向衰落。

1　陈乃刚. 海洋文化与岭南文化随笔 [J]. 广西民族学院学报（哲学社会科学版），1995（4）.

图3-5 广州海洋文化印痕

图3-6 南越王墓文物所体现的土著文化

广州现存的海洋文化产业资源非常丰富：滨海旅游业资源有海洋历史文化遗迹。[1]广州的岭南文化在海洋文化的滋润下，与西方文化交汇形成自身独特的样式，致使广州的文化更具前瞻性、开拓性与创造性。

3.1.4 土著文化与中原文化的交融

尽管广州是在外来文化的带动下发展的，但也不可忽视土著文化的存在。土著文化是岭南文化的基础养分，岭南文化在土著文化的原形基础上揉入中原文化的传统精髓与外来文明，从而形成兼备传统与活力的文化样式。

南越文化基本定型于先秦时期，南越文化中的许多文化特质对后世岭南文化的发展有着深远的影响。受限于环境的条件，南越人以稻为主粮，并嗜食水产，后世岭南人的特殊饮食风俗，较多是从南越时期继承下来。由于南越人的生活环境险恶，因而南越人在精神上笃信巫鬼，《史记；孝武本纪》有"越人俗信鬼"，"而以鸡卜"等记载。先秦文献多处说越人断（短、披）发文身，文身具有图腾、宗教、民族、艺术、婚姻等意义，少数汉人也接受这种风俗。[2]

南越国在海洋文化的作用下，商贸一度繁荣，因而受海外文化的影响较多，南越国的艺术面貌也朝着多元化发展。从南越王墓出土的文物来看，当中的玉器体现着对中原文化的传承，而象牙、银盒等工艺品是

1 杨素梅. 广州发展海洋文化产业的思考[J]. 当代经济, 2012（3）.

2 吴羚翎. 南越王墓纹样研究及再应用探索[D]. 广州：广东工业大学, 2011.

展现南越文化中西互融的重要见证。这些器物再现了两千多年前南越国的政治、文化、生活面貌，同时也透露了南越国时期的艺术水平信息，是研究消失了两千多年的越族文化的重要史料。

3.1.5 广州文化在城市形象中的体现

广州是中国三大一线城市之一，是经济建设大省，其综合发展的实力有目共睹，但广州的目标是要发展成世界历史文化名城，着力于增大发展潜力。因此在这个目标之下广州还有很多路要走，在朝世界文化名城的发展中，广州城市文化呈现以下特点。

1. 广州文化没有被提炼和表现，陷于"千城一面"

广州有2000多年的建城史，文化丰富而深厚，但一直没有进行有效的形象提炼，没有跟有形的艺术形象融合起来，也没有在其他各种艺术场所中表现出来，在现有的一些文化形象中，也显得主题分散，没有体现岭南文化的精髓，使得广州陷于"千城一面"，与其他城市没有区分度。[1] 这种情况的发生其实是一些文化和艺术工作者的不作为，因为广州文化可以提炼出很多故事和深刻的文化形象，可以让广州的文化形象有个鲜活的艺术形态，彰显广州千年古城的文化形象。我们应当在这方面加以改进。

2. 城市形象单薄零散，缺乏规划，没有整体效果

广州的文化遗产相当多，因此广州的艺术形象也可以很多，但这些形象没有被串联起来，就像是断了链子的珍珠，洒落在各个地方，显得零散，缺乏规划，甚至有相互矛盾、相互冲突之处，没有统一的连锁效应与整体效果。[2] 广州的文化发展应该有科学的规划和组织，区分主次，突出重点，形成统一的文化形象。

3. 艺术的作用没有被重视，城市形象问题认识不深

艺术是文化的一种表现形式，艺术能进入人的精神和灵魂中，洞察人的内心并能表现人的情感需求，对人类的精神影响力非常大。城市的文化需要用艺术的手段来设计与传播，它是城市形象提升的催化剂。有了艺术化的城市形象，城市的知名度和记忆度才会高。但广州以往的城市建设显然没有充分考虑艺术的作用与方式，艺术对城市的形象作用没有被认识。

1 玄颖双，潘少梅. 广州城市文化与当代艺术 [J]. 广州大学学报（社会科学版），2009（2）.

2 鲁海峰，姚帆. 城市环境设计视野与文脉关系研究 [J]. 徐州工程学院学报，2006（9）.

我们要用艺术来擦亮广州城市名牌，培养广州城市艺术气质，促进文化、商业及旅游的发展，并通过改造城市生活环境，丰富城市生活品质。[1]

1 杨凯. 城市形象对外传播的新思路[J]. 南京社会科学, 2010（7）.

3.1.6 广州文化的凝练与展现方法

进入 21世纪，全球化在世界范围内以空前的速度和规模流动，这对广州文化的发展是一个契机。广州文化是广州的发展基础，探讨城市建设进程中广州文化的凝练与展现方法具有重要的意义，能推动广州在全球文化中具有自身的形象和影响力。

广州文化具有丰富性，因此需要一种艺术手法把其综合起来表现，广州要建立一个文化艺术发展委员会，专门研究文化形象的表现问题，除了考虑历史性、地域性特征外，还要体现现代设计潮流。广州的当代艺术较之北京、上海等地具有边缘、异类、新生而独特的趣味。用广州现代艺术对文化进行展示，会让广州文化更加丰富而生动。

另外，作为广东省府，广州还需要表现其他各地市的文化特色，如潮州木雕、肇庆端砚、韶关丹霞山、湛江年例等。广东各地的传统文化是在岭南文化的基础上形成的，也是广府文化的补充与延伸，其中的元素是博大精深的，如华南理工大学建筑群、佛山祖庙、开平碉楼等都可以融入广州城市艺术特色里面。我们要通过对广州城市历史和文化的梳理，以及对城市文化发展与传播过程与途径的分析，从城市文化思想、理论、内容、制度等方面展开对城市规划各要素的研究。

图3-7 广东其他地市的文化形象

3.2　视觉识别系统与广州城市品牌

　　城市发展是世界经济发展背景下的必然趋势，提高城市的识别度，是城市发展的重要环节。国内有些地区城市飞速建设，结果却大都是有"城"无"市"，如此尴尬的局面，究其原因，缺乏科学合理的城市识别系统是其中一个重要因素。如何突破"千城一面"需要我们积极去探索。加强城市形象识别系统的建设意义重大。城市识别系统管理，贯穿城市从架构确立至有序发展的全过程。城市识别系统的建设所涵括的范围相当广泛，大至城市建设的方向与规模，细至城市的色彩与居民的行为规范，无不在全方位地对城市进行规范与管理。

3.2.1　塑造广州城市品牌的价值

1　姜智彬. 城市品牌的系统结构及其构成要素[J]. 江西财经大学学报, 2007, 29（8）: 52-56.

2　钱智. 城市形象设计[M]. 合肥: 安徽教育出版社, 2002.

　　城市品牌是城市的核心竞争力，它的作用体现在对城市内部的凝聚与对外界的辐射吸引。[1] 城市品牌的识别系统包括城市理念识别系统、城市视觉识别系统、城市行为识别系统三个部分。面对全球化的竞争，利用好城市识别系统对广州城市品牌进行打造，对提升广州城市综合性竞争力有现实的指导意义和巨大的应用价值。[2]

1. 广州城市的品牌与使命

　　广州市政府和广州市规划局2009年9月公布的《广州城市发展总体战略规划（2010-2020）》中指出，广州城市的目标定位为"国家中心城市、综合性门户城市、南方经济中心、世界文化名城"。这一城市定位体现着广州未来的发展方向，已从经济发展拓展至文化发展层面。对于创建世界文化名城的目标，广州至今仍未制定出具体可考核的细致方案，需要各方提供更多的参考建议。本项目认为在方案制定的过程中，广州需要揉入打造城市品牌的相关考虑。广州自建城以来，积累了丰富的历史文化资源，这些资源可为广州打造独特的城市品牌与创建世界文化名城提供很好的助力。

2. 广州城市品牌发展的策略

　　从广州市出台的政策文件可看出，广州市对城市品牌的建立已有初步的认知，但总体层面还欠缺全面。城市发展不只是经济层面的增长，还要以人为本，全面提升城市的自然环境、人文环境与生活质量。

图3-8 广州西门口旧城墙遗址

交通拥堵和城市污染是广州急需梳理的环境问题，高房价为城市居民带来生活压力，教育资源的匮乏让广州一度被视为"文化沙漠"。广州的城市发展，可借鉴诸如东京和巴黎等成功城市的"多中心"发展战略，重新打造崭新理念的广州城市品牌。

3. 广州城市的精神与内涵

城市精神体现着城市的道德文明、文化特色、生活信念与居民的价值追求，是一座城市的灵魂。广州各类文化资源，包括历史遗址、建筑园林、民风习俗、商业与宗教等，都透露着广州城市的变革性、商业性和务实性，体现着广州兼容、开放的岭南精神。

广州是我国改革开放的前沿阵地，在改革初期彰显的果敢、高效形象成为全国学习的楷模。改革开放30余年来，广州城市开始凝练出自强、团结、果敢、向上的精神特质；然而，调查数据显示，大多数广州居民对广州的城市面貌意象模糊，外界对广州的城市精神也无从定性。因而，广州在城市品牌建设的过程中，有必要把广州的城市精神纳入考虑，对广州的城市精神进行梳理与充分宣扬，这是提升广州城市魅力的必要途径。

3.2.2 广州视觉识别系统的设计

城市形象识别系统着力于借助媒体等传播渠道，对城市各方面的形象进行塑造，从而让城市形成统一的价值体系。城市形象识别系统的确立，有助于城市魅力的提升和城市品牌的宣扬。城市形象识别系统的确立，需从城市自身的特性出发，把握整体，突出重点，强调地域文化细节，有序进行。

广州城市形象识别系统包括两大部分内容：广州城市视觉系统建立与系统实施，而重点在于后者，即将城市形象识别系统付诸现实所采用的方式手段，以及过程控制，效果评测等

图3-9 有关广州城市形象的标志

图3-10 广州众多的代表性元素

行为。广州目前还没有真正意义的城市标志，只有在重大文体活动中应用的一些标志，如亚运会等标志。

广州急需自己的一套优秀的形象识别系统，这是广州城市发展的必备条件。我们有那么多的艺术团体和院校，应当发动一次大范围的城市形象征集活动，甚至是全球征集，在征集的过程中也是对城市形象进行宣传的过程。确立广州的城市识别系统，工作量庞大，需要考虑的因素落实到标志、字体、色彩等细节，从细节中突显广州城市的文化内涵，以时代性、易读性的手法诠释广州的独特形象。

1. 广州城市标志设计

城市标识系统是城市文化的传达载体，承载着城市的地域风貌与文化特色，广州必须要提高城市标识度。广州现阶段还没有能充分体现广州的地域风貌和城市人文特色的城市标志。广州城文化的内容和精神未能通过系统的标识设计得以彰显，未能突出广州历史文化的地域性差异，使广州与其他城市区别开来。

城市标志是城市识别系统的核心部分，其他诸要素均围绕着城市标志进行灵活设计。广州的城市标志，在图形的表达方面首先要表现出广州深厚的南越历史和广府文化。广州的标志设计可以用有广州标志性的元素为原型，如广州塔、五羊石像、南越国等。其次是在装饰纹样的设计方面表现广州的现代发展状态，表现出广州作为国际化大都市的气魄与分量。

图3-11 各个城市的标志示例

广州城市的标志设计还需从以下方面着重考虑：

（1）独特性：广州的城市标志，应具备较大的区别性，避免与其他城市标志图形、文字上的雷同。

（2）鲜明性：广州的城市标志，需营造生动鲜明的注目效果，积极推动品牌效应。

（3）易读性：广州的城市标志，需设计为简洁易读的图像，便于记忆。杭州、桂林等城市的标志，是广州城市标志的有效范例。

（4）通用性：广州城市标志的设计，需考虑在各种领域与展示状态下的通用性。

（5）文化性：广州的城市标志，需体现广州的城市文化内涵，以广州本土文化出发，提炼广州的文化特征。

（6）艺术性：广州的城市标志，需具备丰富的艺术性，给人美的感受与记忆。

（7）时代性：广州的城市标志，需具有时代性，体现广州当下的经济状态、生活方式与时尚趋势。

2. 广州城市标准色设定

设立城市的标准色是对城市的视觉用色进行统一规范，是提高城市识别度和提升城市形象的有效方法。

（1）城市标准色的结构设定

城市标准色的结构有三个，分别是单色标准色、复数标准色、多色系统标准色。通过以单色为主色，多种色彩为辅助的搭配手法，对城市色彩进行系统布局，主次结合地营造城市独特的色彩识别效果。

广州城市标准色的选定，需考虑广州的历史文化传播和战略发展方向。基本的原则应该是突出广州的风格，体现广州的发展方针，展示广州的独特个性和国际化的潮流。

（2）城市标准色的着眼点

广州城市标准色的设定可着眼于两点：第一为广州

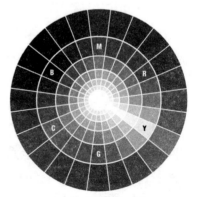

图3-12 广州标准色设定的色轮

的总体色彩（主色），主要由建筑构成。广州的建筑主色沉淀着广州的历史，对广州地区的气候环境、人文风俗有很大的适应性。日后，在旧建筑的修缮与新建筑、新造景的建造中，需与广州的既有的建筑主色相匹配。第二是广州的媒体用色，也就是广州城市的辅色。广州的媒体用色应用于各类宣传方式与宣传产品，是广州城市主色的补充。广州的城市主色是沉稳的灰调，因而，广州的城市辅色可选取鲜明、热情的色彩进行对比补充。

（3）广州标准色设计的步骤

广州城市标准色的设计，可根据五个步骤有序进行：第一，落实广州城市发展的战略方向，标准色用色以城市的战略方向为指引。第二，拟划广州的形象模型，根据模型的概念选取用色。第三，色彩设计，依据设定的城市概念定位选择色彩，处理好色彩搭配与整体美感控制。第四，城市颜色管理，严格依据制定的城市色彩方案规范落实，并做好监督工作。第五，反馈调查与发展，对制定好的色彩方案跟踪调查，根据反馈的信息及时调整发展。

广州城市标准色的选定，需要严格按照上面五个程序进行，才能确保设计效果。

3. 应用系统设计

应用系统的范畴较广，涉及到城市的各个方面，可以说广州的管理机构、广州的宣传开发、广州产品的营销、运输、观光等，都属于应用系统涉及的领域。

广州形象的应用系统跟企业的VI设计相当，包含有名片、工作证、路牌、信封信纸、工作服、交通工具等20多种应用类型，其能在整体的形象表现中强化人们对广州的认识，便于识别和理解。

3.2.3 广州城市品牌形象的使用

城市形象视觉识别系统是综合浓缩城市文化特征的视觉符号，它的建立有利于培育城市文化内涵、提升城市的整体形象，有利于文化产业的发展与传承传统文化。广州城市形象识别组件整合的系统确定，对于提升广州形象，打好城市品牌战，有效吸引外来资金，优化广州投资环境，促进广州持续、快速、健康发展，有至关重要的作用。[1]

广州城市形象的主要作用突出表现在以下几个方面：有利于增强广州的识别性；有利于使广州形象管理更加科学有效；有利于使广

1 罗先国. 城市形象识别系统概要 [J]. 装饰，2002（12）.

州形象的推广更加快捷、经济；有利于形成广州的亲和力；有助于建立广州建设的核心平台——文化构架。

广州城市形象的使用要突出以下几点。

（1）大力宣传广州的城市标志

城市标志的范畴，包括城标、城花、吉祥物等有代表性的城市象征载体。城市标志是城市形象的核心，被世界各国广泛重视。城市公共标识是否准确、详细、时尚、开放 是现代城市文明程度高低的标志之一。广州在城市形象宣传的实际操作中，要特别针对外界的各种活动进行宣传，在各种会议、电视、公共设施等载体都要展现城市标志，提高其出现的频率。

从城市标志延伸的民间典故，也可以作为城市标志宣传的题材，民间典故以其通俗性与流传性特质，能有效推进城市标志的传播，使城市标志更深入民心，受人们的喜爱。

（2）发展广州的城市公共艺术系统

公共艺术是打造城市品牌形象的另一项重要内容。户外的雕塑、壁画、建筑立面形状等，都属于公共艺术的范畴，并以雕塑作品最为常见。公共艺术的展示空间多为城市的广场、公园或生活街区等，可覆盖至城市的各个区域。纵观全球的城市设计经验，优秀的公共艺术作品，能为城市品牌带来很好的宣传效应。

在广州城市形象品牌的建设中，广州可借鉴著名艺术城市的公共艺术设计经验，把岭南文化的精髓与广州的本土风俗融入公共艺术的展示中，打造能提升城市知名度的公共艺术精品，全方位向游客与世界展现广州的文化特色。

（3）提升城市公共设施的品牌性

城市公共设施依功能可以分为三个类目：休闲设施、交通设施与环卫设施。休闲设施有城市家具等，交通设施包括街道护栏与停车架等，环卫设施有垃圾桶、公共卫生间等。它们虽然不是城市空间环境的决定要素，但其品牌性是加深人们对城市印象重要因素，它们是对城市品牌形象的有力补充，起到增强品牌形象的作用。

因此，在现代城市品牌的建立中要非常注意公共设施的文化性与艺术性表现，通过这些生活设施的设计细节提升广州的城市品牌。

（4）提升广州的城市行为识别系统

城市行为系统是指城市中的群体和个体的行为规范、行为准则、行为模式和行为方式。城市行为包括政府行为、企业行为、个体行为。政府行为是城市形象的代表，体现在政府的管理、政策的制定和实施、部门办事效率、公益事业、商贸会议活动、特色节日活动安排等方面。这些行为系统对于一个城市来说是比较难以统一的，但在政府部门中可以进行强化和展现，能有效地塑造广州城市品牌。

城市品牌是一座城市综合竞争力的核心体现。一个城市，有良好的形象品牌，能增加居民的自豪感与向心力，并能持续吸引新的人才和产业投资。良好的城市形象是不会一天能建立起来的，需要经过多年的努力与沉淀才能形成。所幸广州的经济实力与历史资源优势能为广州打造良好的城市品牌提供优越的基础保障。

3.3 广州建筑艺术的现状与发展

建筑艺术是以实用性为基础的艺术门类，出现在人类社会艺术发生的最初期。建筑美学，也是人类最早探究的艺术课题之一。建筑艺术是广州城市艺术的重要组成部分，研究广州的建筑艺术现状，结合功能适应性探究广州建筑中传递的历史文化与审美取向，有利于广州城市艺术的全面布局，也有利于广州建筑走出新路向。

3.3.1 广州城市建筑的发展现状

广州的建筑从总体上说已经具有了时尚性与潮流性，一个现代化大都市的形象已经深入人心，从经济文化实力方面也能够支撑国际化大都市的形象继续走下去，但这也就走进了"千城一面"的困局中去。

在建筑的艺术性方面，广州的建筑表现力还很不足，能够数得出来的有标志性建筑不多，而且它们还没能把岭南这座古老城市的特色彰显出去，还有很多努力空间。

目前比较有知名度的广州建筑如下：

1. 广州塔

广州塔又称广州新电视塔，是我国的第一高电视塔，在广州拥有"小蛮腰"的别称。广州塔外观以钢结构盘旋出优美的形态，并以总高600米的优势获得全球第二高电视塔的地位，被纳入广州的羊城新八景，成为广州的新地标。

图3-13 广州建筑的现代性与时尚性

图3-14 广州塔

图3-15 广东省博物馆

广州塔目前已经成为广州的现代化标志，也是珠江岸边的一颗闪亮明珠。在来广州的游客中90%以上的人都会来到花城广场一睹广州塔的风采，甚至会购买门票登上塔顶俯览整个广州城。

但是也许是国外设计师不懂广州，广州元素没有凝练，因此非常可惜的是这样一座代表广州的建筑，却看不到明显的岭南特色，如果把这个塔搬到上海或者北京也一样可以，因为它并没有跟广州的文化融为一体。甚至在其强大现代形象张力的背后是广州本土元素的进一步晦暗。

2. 广东省博物馆

同在珠江新城的广东省博物馆也可以算是比较有特色的建筑，在"广州会客厅"的珠江新城里具有较大的视觉张力。广东省博物馆建成开馆于2010年5月18日，共占地6.7万平方米，主体建筑共有6层，其中一层为底下层，另外五层是地上层。广东省博物馆的建筑外观，融合了"宝盒"与粤式的镂雕工艺，整体造型类似一个精美的"宝盒"，而凹凸虚实的幕墙处理，又让建筑主体俨然一件精美的"象牙雕"艺术品。广东省博物馆的建造手法，采

图3-16　广州新图书馆

用了钢筋混凝土核心筒承载巨型钢桁架的悬吊结构体系，室内空间通透又相连。

广东省博物馆的设计建造，以新型材料刻画广式元素，建筑丝丝透着岭南的意蕴。在珠江新城地段的新建筑群中，广东省博物馆建筑虽不如广州塔的高大与影响深远，但在诠释广州文化与传播广州文化上，广东省博物馆建筑的表达是充分而优秀的。

3. 广州新图书馆

广州新图书馆坐落于广州珠江新城花城广场中，毗邻广东省博物馆与广州大剧院等珠江新城新建筑体，由株式会社日建设计和广州市设计院联合设计打造。广州新图书馆占地2.1万平方米，分为南楼与北楼两部分，其中建有地下2层，地上8到10层（南楼地上8层，北楼地上10层）。馆体建筑沿用"美丽书籍"的设计理念，建筑呈现着"之"形轮廓结构，以层叠的手法打造建筑的肌理，彰显书籍层叠的意象。同时，馆体建筑的打造还纳入了岭南建筑的骑楼造型元素，增添岭南的特色意味。

广州新图书馆的设计在外形上具有一定的特色，也能反映图书馆建筑的内涵，但在本土化元素的应用上仍不够充分，内涵并未完全体现广州的特色，与广州文化仍有一定差距。

4. 广州圆大厦

广州圆大厦坐落于荔湾区白鹅潭南端，是目前世界上最大型的圆形建筑。建筑分33层，总高138米，外圆直径146.6米，外观用色为"土豪金"。该大厦由意大利约瑟夫教授提出概念设计，由何镜堂院士做详规设计，广东结构大师容柏生做构造设计，其设计灵感来源于圆形玉佩，并结合广东塑料交易所的开市铜锣和位处珠江边的地理位置，营造出珠江水中倒影成"8"字效果，寓意风生水起。

然而，广州圆大厦自落成以来，因其建筑造型与用色在广州颇受争议，"铜钱大楼"的形象有迷信的嫌疑。但其实该建筑是被误解的，广州圆大厦虽然不能代表广州的形象，但至少在广州建筑中占有一席之位。

图3-17　广州圆大厦

5. 琶洲国际会展中心

琶洲国际会展中心位于广州赤岗琶洲岛，展馆总建筑面积达110万平方米，室内展厅总面积达33.8万平方米。其中A区展厅面积13万平方米，B区展厅面积12.8万平方米，C区展厅面积8万平方米，是目前亚洲最大的会展中心。

琶洲国际会展中心外观为线条流畅的现代风格，展厅之间内部相连，布局理性灵活。会展中心在人们的认识里是广州有较大标志性的建筑，但其对广州元素的凝练还不明显，它只展现了广州的现代形象，对广州传统文化形象的展现还不充分。

6. 白云国际会议中心

广州白云国际会议中心位于广州市白云区白云大道南，其拥有超过1000间景观客房，酒店规模在华南地区较为罕见。白云国际会议中心的建筑外观颇具特色，以暗红的色调表现岭南亚热带季风气候的特征，但其建筑风格与名字"白云"缺少关联，以致难以给游人留下明晰的印象，品牌效应也因与"白云"意象的脱节有所降低。

7. 广州大剧院

广州大剧院位于广州天河区花城广场，其建筑设计出自英籍设计师扎哈·哈迪德，内部升学系统由全球著名的声学大师哈罗德·马歇尔博士打造。其于2014年被美国媒体评为世界十佳歌剧院之一。

广州大剧院的建筑外形非常前卫，形态类似两颗硕石，"石头"的表面采取了64个面块

图3-18　琶洲展馆

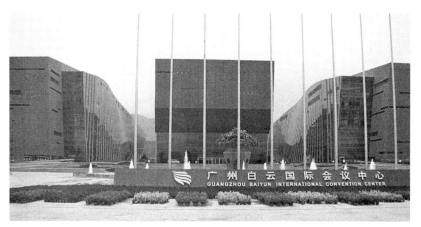

图3-19　白云国际会议中心

图3-20　广州大剧院

和41个转角处理，是不规则的几何体；建筑的色调只采用黑白灰色调。近乎黑色的外形，有人说是蟾蜍吐珠，在周围高大建筑的压迫之下给人感觉形态怪异，它表达现代设计创意有余，表达广州元素不足。它与悉尼歌剧院相比，还是有明显的差距。

8. 中山纪念堂

中山纪念堂是4A级旅游景区和全国重点文物保护单位，是广州为数较少的优秀传统建筑代表之一。纪念堂的建筑高达49米，建筑面积近4000平方米，整体呈方形布局，坐北朝南。这是一座宫殿式建筑，其结构特色是中央巨大的八角形攒尖式屋顶。建筑从整体到细部都体现彰显恢宏堂皇之态，金碧辉煌，漆红的柱子，黄色的墙砖，蓝色的琉璃瓦，梁柱上都刻画着彩画，透露着中华的民族风情。

广州中山纪念堂与南京中山陵对比起来，其对城市文化商旅的促进作用发挥也不够，因为纪念堂是孤立的，其周围没有其他配套的建筑或主题公园，这对其在旅游业中的作用发挥有一定限制。

图3-21　中山纪念堂

图3-22　镇海楼

9. 镇海楼

镇海楼（别名望海楼）位于广州市越秀公园，现用作广州市博物馆，是全国重点文物保护单位。镇海楼的历史较为悠久，建于明朝初期，距今已有六百多年的历史。镇海楼建筑造型呈长方形姿态，整座建筑分为五层，高25米，宽31米，深16米。同时，建筑的外立面由红砂岩与砖块砌造而成，屋顶铺设绿色的琉璃瓦，并饰有石湾彩釉鳌鱼花脊，红墙绿瓦，逐层递减，整座建筑巍峨壮观，因而被誉为"岭南第一胜览"。

历史上，镇海楼曾被五毁五建，1950年更名为广州博物馆，陈列广州建城以来的文物史料。镇海楼是广州历史的见证者，是优秀的文化旅游景点，但广州对其文化挖掘不深，宣传不够，因此到镇海楼来参观的游客不多，对其历史更是知之甚少，没有充分发挥其在广州文化中的传播效应。

10. 其他写字楼与住宅建筑

除了上述的特色建筑，广州更多的是"千城一面"的普通建筑。这些建筑多半是住宅与写字楼，设计随意，不注重体现文化内涵与艺术性，甚至是不断拷贝的设计稿。这些建筑让广州的特色日渐消失，无法让广州提高识别性。

广州普通建筑的形象问题是所有城市现代建筑都出现的问题，其在满足使用需要方面确实发挥了巨大的作用，但随着社会的发展，其文化的负面性也凸显了出来。

普通建筑在广州的城市建筑中占有很大的比重，普通建筑的形象是组成广州城市形象的重要元素，因而，在今后的建筑规划中，广州需要关注普通建筑的规划问题，用地域特色与文化内涵将其改观。

图3-23 广州的"千城一面"状况

3.3.2 广州城市建筑的规划与实施

广州的建筑艺术是一种艺术复合体，秉承着中国传统建造工艺之余，还渗透着岭南的生活精神。广州的建筑艺术发展，不仅需要深挖自身的传统文化精髓，进行提炼与重组，还需注重与其他艺术门类的综合表达。

1. 传统审美与文化的体现

建筑艺术是地域文化、情感、伦理的反映，体现着一方民众的生活模式，承载着一方社会的文化内涵，是地域情感的具象表现。[1] 广州的建筑应该有岭南文化和广府文化的元素体现，这个也是今后城市建筑的主要发展方向，通过建筑体现这个城市的精神风貌和文化内涵是最好的途径。

在广州的建筑发展中，市政府首先要规划，要在方案审查时加大对建筑形态的审查力度，甚至建立专门的艺术审查委员会，要用已经提炼出来的广州文化和艺术形象来约束各类建筑的风格，务必跟广州的大文化背景和当地特点相融合。

在体现地域文化特色的建筑中，世界上成功的案例并不少，广州

1 曾坚，蔡良娃.
建筑美学 [M].
北京：中国建筑
工业出版社,
2012.

图3-24 悉尼歌剧院、迪拜帆船酒店、澳门科学馆的建筑艺术

可以学习得很多，如悉尼歌剧院、迪拜帆船酒店与澳门科学馆，它们的造型都结合了海洋特色，且不缺现代感。

广州的建筑除了要体现地域文化外，还要体现历史文化，一个地方的历史文化是这个地方得以存在和发展的根本，也是最能够跟其他地方相区别的特征。广州的南越文化和2000多年的发展历史足以支撑广州的城市建设，我们所欠缺的是彰显广州文化特色的意识和方法。彰显广州的历史文化可以借鉴徽派建筑、法国凯旋门和上海世博会中波兰国家馆，它们对文化和历史元素的表现独特而到位。

徽派建筑在整体规划、建筑结构、细部雕镂上都揉入徽州的地域灵气与文化风俗，从而让徽州的古建为中外叹服。在建筑整体规划上，徽派建筑依势建造，与山体地形精巧融合，布局灵活；建筑结构造型丰富优美，马头墙与小青瓦是其中的特色元素；细部雕刻精细富丽，石雕、砖雕、木雕都融汇其中。

法国凯旋门的建造外形与建造灵感取材于罗马帝国时期的宏伟建筑，体现着帝国建筑体量宏大、外形纯粹、威严冷静的特征。法国凯旋门拱券数量进行了取舍，只保留一个拱券，外观简洁，只对檐部与墙身、墙基进行刻画。法国凯旋门对帝国建筑特征的提炼与表现，是广州的新建筑提炼与再现岭南传统建筑特色的优秀范例。

上海世博会中波兰国家馆的建筑亮点，是以激光切割建筑材料打造出镂空效果，营造"剪纸"的意象。剪纸是波兰的民间艺术，波兰国家馆建筑提炼出波兰的传统特色，以新材料简洁、直接地诠释着波兰的文化，这对广州使用新材料诠释传统文化有着很好的借鉴意义。

广州的城市建筑中，住宅小区占据着较大的份额，研究广州住宅小区的建筑艺术对广州城市形象的提升有很大的促进作用。目前广州住宅建筑风格呈现着"趋同化"、"相似化"的严重的现象，因而，今后广州小区的建筑兴建需注重文化与地域的识别度，注重呈现城市文化特色与艺术美，注重结合现代城市艺术形象的元素，让广州的城市文化有形化，增加广州文化的影响力。

广州建筑艺术的发展，在理念上需要保留岭南的传统特色，把岭南文化符号进行提取、保留与强化；在手法上需要融入现代技术与采用现代结构来再现传统；在亮点上需要突显岭南建筑的地域特征。

图3-25　徽派建筑、法国凯旋门、波兰国家馆的建筑文化

图3-26　各个风格统一的小区建筑

2. 外域风格的融合问题

为了争夺市场份额，建筑开发商变换着建筑的样式，引入国外的设计师与建筑模式，吸引消费者。引进外域元素能在一定层次上提升本土住宅建筑的层次，目前，广州这一类型外域风格的建筑越来越多。

历史上，有不少城市和区域"引进"国外建筑，取得成功，如被称为"世界建筑博览"的青岛、上海外滩等，这些类型与中国传统建筑相区别的殖民建筑具有一定的特点。但盲目的引进也带来了其他方面的负面效果，在中西文化的差异下，照搬的建筑功能与建筑装饰未必适用于广州本土的功能需求与审美需求。盲目引进有可能造成空间的空置浪费或人们对建筑空间的陌生感，甚至模糊了城市的整体面貌，抹去了人们对城市的熟悉感。

岭南建筑的风格与外来设计元素如何结合，是当前广州建筑设计面临的难题。外来建筑携带着不少闪亮的创作元素，今后对新建筑的建造中，可对这些闪光元素与岭南文化一起进行提炼、变幻与再用，能进行良好的融合与发展。

3.4 广州桥梁景观艺术的现状与发展

城市在发展，城市化进程脚步在加快，城市的面积在不断扩充。为更有效地让交通顺畅，架设桥梁是重要手段。广州目前的城市桥梁数量较多，按种类大概可分为三种类型：跨江水桥、高速互通与城市立交。这些桥梁的面貌是广州城市形象更新的历史见证。基于桥梁在城市中的重要地位，广州有必要让桥梁在城市艺术景观中发挥更大作用。

3.4.1 桥梁景观的美学特性

桥梁的发展被烙上时代的印记，桥梁的纽带作用不仅体现在地域空间之间的连接，还体现在人与城市之间的精神连接。优美的桥梁面貌诠释着城市的美感，直达居民的心灵，并让人陶醉在夜色灯火中的城市风姿。

桥梁的面貌也是城市的面貌，桥梁有明显的美学特征，其对城市有地标性作用。概况地说，桥梁景观有以下特性。

1. 桥梁景观的时代性

桥梁是城市历史的缩影，是城市成长的见证人，体现着那个时代的技术水平与审美特征。时代的进步带来科技的发展、知识的充盈、文化的丰富与面貌的更新，这些更新的因素都在桥梁的建造中得以体现。成功的桥梁景观能成为城市的名片符号，能够使城市的发展更具时代特色。

图3-27 桥梁的实用与美学特征体现

2. 桥梁景观的地域性

自来有"娇不娇看吊桥，美不美看秀水"的说法，城市桥梁的面貌能融入一方环境，与其所属地域的特色相对应，伴生为城市的一处和谐景观。

我国幅员辽阔，地理位置和历史变迁等因素造就了南北城市的特殊性，使南北文化差异极大。以苏杭、南京、广州等城市为代表的南方城市，透露着温婉细腻的情怀；而以西安、北京等为代表的北方城市，却彰显着粗放沧桑的豪情。

3.4.2　广州桥梁的现状特点

广州的桥梁在岭南文化氛围下，历来具有多元丰富的特点，其糅合了岭南的地域传统与西方文化的传入，具有兼容性，在近现代的广州桥梁中尤为明显。在当代，改革开放带来的先进技术和材料的引进，以及毗邻港台所接受的新思潮，也为广州桥梁注入了青春活力。

随着广州城市的发展，城市面积的扩容，广州的跨江大桥，也从新中国成立前的1座发展成18座。除了水桥的发展外，立交桥与人行天桥的数量也增加了不少。因此，桥梁景观已在广州的城市面貌中占有较重的比例。广州的跨江大桥主要有以下两种类型。

1. 悬索式桥梁

悬索式桥梁使用的是一种全新的内置式液压减振阻尼器，属于斜拉桥、斜拉索和悬索桥吊索减振技术领域。猎德大桥是广州悬索式桥梁的主要代表。猎德大桥主桥为独塔双索面空间自锚式悬索桥，长480米，跨径219米，在同类桥型中位居全国第一世界第二。猎德桥主塔的贝壳状三维曲面塔身造型，造型独特柔美，跟南方海边风情密切相关，具有岭南特色元素，使人印象深刻。

此外还有海印桥，海印桥立面呈倒"人"字形，顶部以羊首为造型。双塔上斜拉着186条钢索，形成了一个巨大的扇骨格局。海印桥是广州老一代桥梁的代表，曾经是广州的一个著名景点，在它的设计理念里用"羊角"来代表广州的想法非常不错，融合了广州的元素。此外还有黄埔大桥，全长7016.5米，其塔高岭南第一，国内第二，只是这么重要的一座大桥在设计时丝毫没有考虑人文景观的因素和时代审美的因素，其外形甚至可以用粗陋来形容。

2. 彩虹形拱桥

彩虹形拱桥也属于悬索桥，只是其悬索不是由塔上拉出而是从彩虹拱形架上吊下，因此在造型上彩虹拱架会成为主要的形态。如解放大桥，其桥身如3条彩虹，造型优美，跟广州所处的南方多雨天气及地域特点密切相关。还有江湾桥，为了加强艺术感，把彩虹涂成红色，跟南方的炎热天气密切相关，给人非常强烈的视觉印象。此外还有洛溪大桥、丫髻沙大桥、新光大桥都具有鲜明特色。最后是建于1933年的海珠桥，海珠桥虽然没有什么时代的

图3-28 猎德大桥、海印桥、黄埔大桥

图3-29 解放大桥、江湾桥、洛溪大桥、丫髻沙大桥、新光大桥、海珠桥

美感，但他有历史意义，已经有了83年的历史，从它的身上能看到广州的历史文化。正是居于历史的原因，市政府才用高于重新造一座桥的价格来修复。

3. 各类立交桥

立交桥是在城市重要道路交汇点建立的上下分层、多方向行驶、互不相扰的现代化陆地桥。为适应城市发展与解决交通拥堵，广州在城市中心区建造了大量的立交桥与人行天桥，这些中心区的桥体不仅从交通上缓解了交叉道路的拥堵，还从生态与美学上改善了广州的环境。现代立交桥的本体几乎是钢筋混凝土桥身加沥青路面，灰暗的色调，线条的造型，在晚上因为路灯的效果会显得更加漂亮。

广州的人行天桥也是在城市景观中具有重要作用，如果说广州的天桥跟其他城市有什么不同的话就是用了非常多的植物装饰，如勒杜鹃、马樱丹、希茉莉为主，在春天勒杜鹃开放的时间里车辆走在花团锦簇中，确有"花城"的感觉。

桥柱绿化一般以种植攀缘植物缠绕桥柱来实现，常用的有异叶爬墙虎、薜荔、合果芋等，其中异叶爬墙虎最为常用。为填补其冬季落叶的视觉空缺，还往往配置薜荔与异叶爬墙虎混合种植，以达到四季常绿的效果。

但在天桥的造型上比较少考虑景观的问题，有比较大的改进空间。

图3-30　立交桥白天与晚上的审美效果

图3-31　勒杜鹃装饰的天桥

3.4.3 广州桥梁的发展思路

桥梁的景观需遵从城市的整体规划，与整体景观相协调。广州的桥梁景观开发，可在遵从城市整体规划的前提下，根据实地情况，以灵活有效的手法彰显空间规划与桥体自身轮廓的美感，达到桥梁与自然相融，桥梁与城市相融。

1. 广州桥梁设计存在的问题

我国目前的桥梁设计，绝大部分只偏重功能与成本，轻美感与文化功能。广州目前的桥梁也以实用为主，缺少岭南文化的特色体现，疏于美学的表达，在建筑布局上和整体不够协调。导致桥梁在城市美化中缺乏审美特征，产生其他负面效应，不利于城市品牌形象的塑造。

现在世界上几乎所有的桥梁都是悬索式吊桥，在桥身及其附属设施上也没有进行有差异的设计，因此形成了"千桥一面"的结果。广州的桥梁造型追求国际化、标准化，没有加入

图3-32　道路颜色的变化

地方的文化元素，在审美缺失的方面也比较严重，桥梁与周围的建筑、道路、绿化景观等没有良好地搭配与有机的衔接，没能带来有创意的艺术形象，甚至对于城市景观造成了破坏。可以说现在的建桥技术是优秀的，但在造型美感方面需要改进。

2. 桥梁景观的发展思路

广州的桥梁设计是广州形象发展的一个重要手段，承担着广州交通方便与历史文化传播的职责，今后广州桥梁的设计要兼顾实用与美观之间的关系，细化至桥梁的尺度、比例、用料与色彩，使其与城市面貌和谐呼应。具体可从以下方面着手：

（1）兼顾考虑景观与实用性。在日后的桥体规划设计中，应兼顾实用性与景观性，增设休闲道、维合造景，增加富于层次感的层叠绿化带等，并在造景维合中注入岭南风情元素。桥梁的面貌与街区的面貌息息相关，对桥梁景观进行规划时，需兼顾桥梁与所处街区地貌的协调性，营造和谐魅力的街区文化氛围。

（2）让艺术手法全面介入。在桥梁景观规划中我们要以艺术手法融合岭南文化，划分各处特色线条，并以历史故事、文化遗迹等充实景观内容。另外还可对广州现有的桥梁进行艺术化改造，在不影响附属结构功能的基础之上，通过增添的一些色彩修饰，或以涂鸦及现代构图等形式表达岭南文化的特色，营造主题式景观，让桥梁与道路具有广州艺术文化的氛围。

3.5 公共空间与艺术场馆的建设

城市公共空间是人们进行交往与活动存在于建筑外的开放性场所。而城市艺术场馆是人们进行艺术交流的社会场馆。公共空间和艺术场馆的建设直接影响着城市的综合竞争力和大众满意度，历来在城市建设中备受关注。广州的城市公共空间与艺术场馆数量较多，它们与城市的建筑、道路、桥梁等一起构成广州的艺术形象，在广州的城市文化形象中发挥着重要作用。

3.5.1 公共空间的建设

公共空间包括广场、休闲绿地、公园、街道等空间。在广州这样人口高度密集的城市，公共空间逐步向迷你空间扩展，出现小型的公园与小广场，以满足居民的生活需要。

城市广场是公共空间中最常见的类型，也是城市形象的名片。城市广场是围绕一定的主题思想，以道路、建筑、景观等因素围合而成的公共活动空间。城市广场兴建的目的，是为了满足城市居民各项生活需求，涵括休闲娱乐、传播文化等。古希腊的普南城中心广场，是市民进行宗教、商业、政治活动的场所；古罗马的中心广场，集公告、集会、审判、节日庆祝等功能于一体。

花城广场是广州市诸多的城市广场当中最具代表性的广场，它位于珠江新城，广州市的新中轴线上，被誉为广州市的会客厅。花城广场与广州海心沙公园相连，由珠江新城的新建筑伴绕，并植有600余棵树木，当中包含历史悠久的古树，其总面积达56万平方米，是人民公园面积的8～10倍。花城广场虽具备不小的规模，地理位置独具优势，但花城广场对广州意味的呈现还不充分。广场中虽安插了具有广州意象的五羊标志、木棉花图案等图标，但这些细节布置仅为临时的布景，整体对广州文化的宣扬力度并不充分，艺术意味依然欠缺。因而，以花城广场为代表的众多城市广场，还需我们结合广州市的文化底蕴与艺术手法为其注入闪亮的特色。

除城市广场外，广州还遍布不少的住宅小区公共空间。这些小而分散的住宅公共空间也是广州文化形象的重要组成部分，也应将之考虑在文化艺术影响力的范畴。目前，广州小区公共空间的艺术表达元素，通常为园艺景观、雕塑、宣传栏、设备包饰、灯饰等。我们可以

图3-33 广州花城广场全貌

图3-34 住宅小区的公共空间

结合广州悠久的历史底蕴与新兴的潮流文化，去调整雕塑的题材与景观的风格等内容，使居民的密切生活环境更贴近广州意味，从而达到陶冶市民文化情趣、提高市民生活质量、改良市民的居住环境、寓广州文化于细微的效果。

　　总而言之，广州需要对城市公共空间进行全面规划，对不同功能规划片区中的公共空间进行归纳和分配，定性、定位、定量、定形地在公共空间中进行艺术表达。

3.5.2　公园与景区的建设

　　广州是亚热带海洋城市，雨水充足、日照丰富、珠水穿城，具有良好的生态优势。广州目前有5A、4A等多处生态景区及主题公园30多处，城市公园50多处。

　　广州现有的公园中，广州特色较为显著的是越秀公园。越秀公园历史悠久，是广州市第一批建立的公园之一，历史上曾有观音山、越王山和粤秀山等命名。

　　越秀公园是一座山体公园，山体属于广州白云山脉的余脉。园中山林与湖泊交织，天然植物与人工种植交替，形成了自然优美的生态系统。越秀公园的植物丰富多样，数量繁多，当中还植有国家一级保护的植物，是理想的植物科普基地。繁茂的植物，引来不同品种的鸟类，并滋养着品种丰富的鱼类、蛙类与昆虫。

　　越秀公园不仅仅呈现着亚热带自然风光的优美，还是广州文物的藏宝地。园区内部的越秀山以西汉时南越王赵佗曾在山上建"朝汉台"而得名。园内有古之楚庭和佛山牌坊、古城墙、四方炮台、中山纪念碑、孙中山读书治事处碑、伍廷芳墓、明绍武君臣冢、海员亭、五羊石像、五羊传说雕塑像群、镇海楼、球形水塔、电视塔等。其中，园内的五羊石像是广州的重点保护文物，被视作广州"羊城"的标志；而镇海楼，是广州现存的古建筑中保存得最

图3-35　广州越秀公园一角

完好的建筑，民族特色显著，现被用作广州博物馆。越秀公园的文化古迹相当丰富，承载了广州的发展历史，是广州新生代居民与游人认识广州的文化特色的理想基地。

在主题公园方面，雕塑公园与岭南印象园较有代表性。

广州雕塑公园位于广州市白云区飞鹅岭下。雕塑公园与广州市其他公园的区别之处，在于这是一座以雕塑作品为主题的公园，强调文化与历史。园中最体现广州特色的是广州风情街。风情街中展有"鸡公榄"、"晒腊肉"、"扇中情"等一系列写照十九世纪初期广州西关居民生活风情的雕塑，还原当时的广州民间人情风俗，雕塑作品刻画细致，惟妙惟肖。

除了展示雕塑作品，雕塑公园还因地制宜，利用山体地形起伏，保留原有植物，打造具有中外特色的园林景致。观赏与教育相辉，寓知识于休闲，雕塑公园结合雕塑与园林的特色，很好地诠释着广州建城以来的历史变迁。但由于园区对外宣传的力度并不足够，园内的历史风情价值未得到很好地包装推广及旅游宣传，公园的知名度一直未得以提升。

岭南印象园位于广州小谷围岛，在广州大学城的南部。岭南印象园是一所展现岭南民俗风情的主题公园。公园从景观、建筑、旅游项目等方面再现岭南的乡土风情，还原出旧时岭南民间生活的繁荣景象。园区民居建筑傍水兴造，岭南建筑的标志性元素如趟栊、满洲窗、青云巷、锅耳墙、蚝壳墙等一一呈现。除了建筑，园区还还原出岭南水乡的特色，兴建小溪与水塘，让游人感受岭南依水而长的韵味与静谧。园中还安排了丰富的岭南特色表演，包括舞狮、吹糖人、跳大绳等，品种丰富。园中的食府还提供岭南的地道粤菜，豆腐花、竹升面、艇仔粥等岭南民间传统美食都有供应。岭南印象园集合了观光游览、休闲娱乐、餐饮美食与购物，以适应当代的文化旅游需求，它是广州新生代与游人了解岭南传统文化的活教材，是人们追溯岭南文化历史的窗口，具有较高的文化体验价值。然而由于岭南印象园属于新打造的园区，且园区对自身的宣传力度还不足够，致使公园的知名度还不高，这需要园区主办方日后增加旅游宣传的力度，发挥园区的特色与优势，更充分地对外诠释广州的文化形象。

广州的公园与景区历史悠久、类型多样，但它们在资源利用上还存在许多的问题与矛盾。大量的景区资源并未得到有效的管理，如景区开发品位多以中低档为主，未打造出能享誉国际的品牌；资源配置缺乏充分调研、处置草率、定位模糊、盲目建造；景区建造内容风格雷同，缺乏个体特色；景点建设偏重经济效益，忽视文化内涵等。今后广州需要立足本土特色，统筹部署、理性建设，完善管理体制，立足广州的城市文化，发展城市艺术，对广州的公园与景区可遵循以下几点：

（1）加强体制和运行机制的探索，科学的前期规划，严守章程开发，防止无规划乱开发对自然资源的破坏；

（2）突出景区的历史文化特色，以该地域的历史典故、文化遗产等充实景区的内涵，以当地特殊文化为主题，打造差异化的景区产品与项目，创造特色的旅游产品；

（3）增加大量的艺术主题公园，激活南越文化、广府文化和岭南文化的艺术形象，深挖艺术文化的内涵精髓，提炼出统领形象的线条、图案，以传统文化资源支持现代艺术创意，把历史文化融入到公园的景观中，为其注入新元素。

图3-36　广州雕塑公园正门

图3-37　岭南印象园

3.5.3　艺术场馆的建设

　　艺术场馆是一个国家和城市的重要文化旅游资源，是集约式的艺术教育与熏陶基地，因而，艺术场馆在城市艺术中占据着重要的位置。在艺术场馆与旅游业结合日益紧密的发展趋势下，了解游客的行为特点及其参观体验对于促进艺术场馆与旅游业的发展有积极的现实意义。

　　广州市内影响力最大的历史博物馆有广东省博物馆、南越王博物馆等，其在知名度、到访率、服务设施和服务水平等方面都有突出的表现。但统计资料表明，广州博物馆的游客以广州本地人为主，省内、外省的到访游客较少。

　　除了三大博物馆外，星海音乐厅、广东美术馆也在广州城市艺术中占据着重要位置，下面对其进行简单的介绍。

　　星海音乐厅地处广州市二沙岛，落成于1998年，是一座具有国际级水平的音乐厅，在国际上享有知名度，其名字是为了纪念人民音乐家冼星海而命名。星海音乐厅的建筑既像一只展翅高飞的海鸥，又像一台正在演奏的钢琴，造型奇特，很富时尚感。星海音乐厅根据当时国际的顶级指标打造音质效果，使建筑空间与声学充分融合，其演奏大厅设有1500个座位，另配有近5000平方米的音乐文化广场。星海音乐厅落成以来，除了弘扬音乐文化，还肩负着广州音乐文化的对外交流，包括组织各类音乐演出、兴办音乐节、兴办音乐比赛与进行音乐教育等。

图3-38　星海音乐厅

图3-39　广东美术馆

广东美术馆地处广州市二沙岛，与星海音乐厅毗邻，落成于1997年。馆体建筑呈现雕塑般的外形，以玻璃和实面形成对比，其抽象的几何线条和块状结构展现出极具个性的艺术美。广东美术馆是一个公益性的文化事业机构，是早年比较知名的美术展出和举办讲座的地方，具有收藏珍品、展览陈列、艺术交流和艺术教育等功能；馆内设有多个展览厅、交流厅还有户外绿化区，户外绿化区还设有雕塑展览。

广州的艺术场馆比较多，但影响力不大，长期以来只强调收藏，科研和教育功能，忽略客源市场开发与旅游质量体验，因此在城市气质的体现与教育功能的实现方面还不够，有很多急需提升的空间。

另外我们还要不断改良艺术场馆的艺术展示系统，开发高质量旅游产品，设立3D展厅，创新展览内容，开发参与性项目，增强游客的体验。在宣传上我们还要整合渠道，扩大博物馆的影响力，主动走出场馆，走进校园，增进单位间的合作，甚至要把艺术品搬到社区中，融入到广州的城市大景观里与群众的生活里。[1]

1 龚金红，赵飞，石冠琼. 博物馆旅游市场特点及其开发策略——基于广州三大博物馆的调查研[J]. 河北旅游职业学院学报，2010（12）.

3.5.4 创意产业园

广州的文化创意产业园发展迅速，很多旧厂房或废弃仓库经过简单改造，即成为具有独特美感和文化氛围的园区。广州根据不同的历史背景与地段建成了一批各具特色和主题的创意园区，如红砖厂、TIT服装创意园、小洲文化园等30多个，它们在广告、影视、服装等领域对市场进行了补充，促进了广州经济的发展，也提供了良好的旅游景点，为羊城增添了一道耀眼的风景线。在诸多创意园中，红砖厂和TIT是比较有代表性，珠江琶醍啤酒文化创意园较有特色，分述如下。

1. 红砖厂艺术创意园

红砖厂艺术创意园位于广州市天河区园村，是对广州罐头厂的沿用与改造。红砖厂艺术创意园的创办，是广州从传统产业模式向创业产业模式跨越的探索，承载着广州产业转型的期望、城市对自身历史文化的珍视与艺术家对文化创作的向往。艺术家以时尚的LOFT风格重新包装生产车间，使废弃的建筑空间焕发新活力，拥有新功能。这是第一家非房地产包装的真正意义创意区，空间布局与功能分配使红砖厂艺术创意园散发出一种奇异的气质，其凭借艺术设计以创意生活为核心的综合资源整合，创建成当代艺术和创意产业相结合的最具人文

图3-40 红砖厂创意产业园

气质的工业街区。园区的艺术产业开发以国际标准为定义，发展了数十种艺术机构，包括画廊、设计工作室、展厅、酒吧等，当中不乏国际知名的艺术机构进驻。同时，园区还联手政府、高校、媒体等机构，兴办众多的艺术活动，现已举办过数百场的活动，包括音乐会、展览、讲座等，成功地吸引了大批的游客和文化创意人士参加，使园区成为广州文化活动与旅游休闲的良好场所。

从废弃厂房到国际化产业基地，艺术的介入为广州罐头厂延续了历史，唤醒了新生。红砖厂艺术创意园的创意改造是有效的，艺术改造在促进环境保护、推动创业等方面发挥着积极的作用。

2. 广州TIT纺织服装创意园

广州TIT服装创意园位于广州市海珠区客村，相接广州新电视塔的南广场。TIT服装创意园是在广州纺织机械厂的旧址上建立起来的，是以服装设计、展示发布、品牌服务、休闲旅游为一体的创意园区及资源整合平台。

TIT服装创意园区以岭南服饰文化为背景，以生态设计与园林式环境为营造手法，为广大创意人提供了良好的创意空间。除了时尚服饰设计还有高端时装定制功能，其目标是立足广州、垄断华南、吸纳港台、辐射中国、影响世界，为岭南地区服装产业的发展做出了一定的贡献。

园区把纺织机械厂的原铸造车间改造为4000多平方米的时尚发布中心，当中设置了当前华南地区最专业的T台，并承接办理了多项大型的时尚发活动，包括广东时尚周、品牌设计大赛及品牌订货会等，云集了不少名流、名模。

TIT服装创意园的创办，充分利用好位处广州新城区新中轴线与毗邻广州新电视塔的地理优势，充分利用好旧产业中可整合的资源，延续并扩充了旧产业的发展路线。广州是服装贸易的基地，伴随着蓬勃的服装贸易，广州云集着优秀的时尚设计师，但这些资源优势一直未得到整合与提升。TIT服装创意园的创办，刚好把广州既有的服装设计资源整合起来，不仅为广州纺织机械厂的产业改革开辟了新出路，还推动了整个广州服装产业的提升。同时，

图3-41 TIT创意产业园

图3-42 珠江琶醍啤酒文化艺术区

TIT服装创意园的打造，大大改善了老旧厂房的面貌，美化了城市的环境，使周边居民的生活环境得到改善，是一项一举多得的创意改造。

3. 珠江琶醍啤酒文化创意艺术区

珠江琶醍啤酒文化创意艺术区位于磨碟沙附近的沿江区域，其以英博啤酒博物馆为依托打造啤酒文化创意平台，营造出富有特色的悠闲娱乐场所。

琶醍内有华南地区最大的啤酒文化创意园，将啤酒文化与创意文化、休闲文化联系在一起，设有户外广场、亲水码头、表演舞台等区域，是年轻一族度过夜生活的良好去处，也是一种集休闲与经营、文化与产业于一体的创意艺术区。

园中设置了华南地区最大的啤酒博物馆，名曰珠江-英博国际啤酒博物馆。这是一家综合性的博物馆，融合展示着世界、中国、岭南和珠三角地域的啤酒文化。

4. 广州创意产业园的问题与发展

由于创意园的文化功能与社会发展的作用，目前多为政府投入，进驻的企业或团体多处于创业阶段，产业规模较少，层次不高，还没有形成相关产业环境，因此大型或高端企业进驻的动力不足。另外，由于经济功能没有体现，而城市土地的价值日渐升高，很多创意产业园难以持久，都面临着要改变规划的压力，如广州最出名的红砖厂创意园也面临清退的压力。

但创意产业园能显示城市独特的文化氛围，提升城市的艺术个性，依然有创办的价值，只是有必要重新梳理规划，吸取国内外的成功经验，增设一批有针对性的精品园区，按主题分类，追求特色，提升广州艺术文化。具体有以下4方面：

（1）创意园区的规划

文化创意产业园区的设立目的是活跃城市文化，提升城市的艺术气质，鼓励创业，对经济建设进行补充。它的文化功能比经济功能更大，而由于文化功能的社会公益性质，在目前基础还比较薄弱的情况下应给予扶持，因此在选址上要提早统筹考虑，要结合房地产、交通、信息等多方面条件进行规划。可以在一些城乡接合部、未有新用途的废旧建筑等地方，而且在园区规划中减少短期化倾向，一旦规划即不要轻易撤销，形成品牌效应，成为城市的文化标识。

（2）创意园区的运作

广州要改变创意产业园放任自流的状态，要对其业务开展进行规划与指导，加强市政府产业投资力度，引导社会资金流入，引进如4A广告公司、珠江钢琴、电视台等艺术传媒类大型企业带动创业团队的发展，培养社会公众对创意园的关注和参与，形成集工业设计、影视传媒、文化创意等各类创业团体互动发展的产业平台。此外还要加强和艺术院校的联系，在园区内建立学生教学基地及实习平台，形成关注度和人才储备。最后也要在招商引资中加强对国内外优秀创意人才及团队的引进。

（3）创意园区的特色营造

文化创意产业园区是广州城市艺术最核心和最直接的表现地，应成为城市的创意基地，成为产生新理念、新产品和新机会的地方。创意园区的发展要依靠社会公众的关注，要让人们对园区有深刻的印象。而这些印象的形成取决于文化园区的活动、风格、形象。广州要在创意园区的特色营造方面下大功夫，应重点建设5～8家有发展潜力的创意产业园，发展较高层次的创意产业，并在每个创意园中发展各自的特色，使文化功能与经济功能得到同步发展。

3.6 广州的商场与商业街道

广州兼备历史文化名城与现代化贸易大都市的双重身份，是我国重要的商业之都，拥有数量繁多的特色商圈、大型商场、商业步行街，已经初具层次和规模，有"千年商埠"的美称。但广州商业之都的地位和影响力还需要加强，特色还需继续凝练。

3.6.1 商场艺术氛围的营造

广州市的商业广场很多，如荔湾广场、海珠广场、天河城广场、中华广场、维多利亚广场、五月花广场和正佳广场等，这些广场满足了广州人民逛街、吃喝、休闲等多种需求，共同打造着广州市的商业帝国。随着人们生活水平和教育水平的提高，在商业区引进艺术元素，让顾客在购物的同时能享受到艺术的韵味并且融入艺术氛围，得到文化的熏陶和历史的教育是商业区发展的大方向。我们要发展艺术性商业，各大商场都应该增加商业艺术文化的元素，就连在设计商场的标识、标签等方面都要带上广州的形象标识。现代商业文化一方面方便了市民观赏，另一方面也提升了商场的品位，提高商场的艺术氛围能使商家和顾客都得到共赢。

过去，艺术元素在商业活动中的应用并不怎么引起重视，但随着人们生活水平的提高和教育的发展，商场不再单单是买东西的地方，还是休闲、娱乐、交友的文化生活场所，在这之中艺术文化的作用越来越明显，艺术感强的商业场所能吸引更高端的商家和顾客，带动了巨大的客流量，引起品牌效应，带来物业的升值和巨大的商业利润。

广州的商场已经意识到商业活动必须和文化或娱乐业打通，作了很多新改变，如太阳新天地、正佳广场、天环广场等已经引入了很多文化艺术活动，兼具了艺术欣赏性和娱乐互动性，提升消费者的购物体验，并通过明星效应、活动噱头等方式拉动人流量的提升，在各种新媒体渠道上对商场的艺术活动大力宣传。另外，一些商场还通过使用时尚、创新的室内装置艺术设计烘托商场艺术氛围，打造舒适的购物场所，提高人们逛商场的愉悦体验。

在商场的艺术氛围营造方面，位于广州市天河中央商务区核心地段的太古汇购物中心是一个成功的案例。太古汇总建筑面积约35.8万平方米，购物商场部分的面积大约为13.8万平方米，坐落于广州市天河区的核心商业区，与地铁线相连。其建筑设计出自世界知名的建筑公司Arquitectonia的设计团队之手，于2015年5月25日正式开业。其在建筑空间的设计上煞费苦心，整体采用了造型丰富的圆弧形动线设计，具有时尚感与和谐美，不仅提升了视觉美感还增加了市民的购物乐趣。其楼梯的造型和衔接也非常奇特，给人强烈的视觉冲击感。购物中心的内部设计了多个中庭和天井，有效提高了各个商店铺位的能见率，方便市民快速识别并到达目的商铺。在灯光设计方面，商场的采光棚大大增加了商场采光率，结合室内柔和、温暖的灯光色调设计，给人更多的舒适感和亲近感，体现了以人为本的精神。太古汇购物中心有领先国内大多购物商场的经营理念，它囊括了180多家国际知名品牌，有以路易威登为例的奢侈品商铺，也有主打年轻时尚的高端品牌，还有诸如方所书店的公共文化空间，同时具备商业功能和文化艺术功能，提倡人们时尚购物，过有品位的生活，塑造了集商业、购物、餐饮和生活品位为一体的华南新地标。

图3-43 中华广场的外观与内景

图3-44-1 广州太古汇购物中心的设计

图3-44-2 天环广场的外观与内景

　　天环广场也是一个比较成功的案例，其坐落于广州市天河区天河路，外观是造型独特的现代建筑，酷似两条在水里快乐遨游的鲤鱼，又像两条太极鱼，是绝佳的风水格局。天环广场是一个巨大的极具创意的"购物中心公园"，广州首家苹果零售店便坐落于此。其建筑空间内部是设计豪华却不失时尚感的高档商场，内设许多国内外知名的品牌商店，其中有超过30%的商铺是初次进入广州的品牌。天环广场内部整体采用淡黄色的灯光设计，结合室内的装置艺术设计，将整个购物广场映衬得更加精致华美，层次分明。天环广场异于许多传统的购物广场，它主打时尚，注重商场的娱乐互动性，能一次性满足人们购物、餐饮、娱乐、文化和休闲等多种需求，而且时常举办主题展览活动或节日活动，营造出浓郁的艺术氛围，吸引了不少年轻人前来拍照游玩。

图3-45 广州商业街道

3.6.2 商业街道艺术氛围的营造

商业街道是城市发展的重要一项，它向大众展示了该城市的市民生活、城市定位、历史文化和社会发展等现象。广州现存数量较多的富有历史背景的商业街道，如十三行、北京路和上下九步行街等，在建筑上主要是骑楼，连排式沿街分布，建筑立面遵循整齐划一的秩序，具有明显的街区形象。只是这些街区在规划建设时都没有考虑到传统商业文化的因素，缺乏统一管理，广告牌及其他装饰元素的尺寸、样式、高低与建筑立面不协调，或只考虑商业功能，忽视其文化功能，没有和谐的艺术氛围，层次较低，限制街道的发展空间。

为了改变这种落后的街道形象，广州应从多方面推进。今后在商业街道的再开发中可从以下思路着手：

1. 政府加强规划，建设高端商业街道

广州要发展商业，要成为"购物天堂"，就需要建设一批有特色的高端商业步行街，绝不能千篇一律。广州可以选择原来就有一定商业基础的街道进行升级改造，找准商业街道的文化发展定位，重视当地历史文化的传承和深厚内涵的发掘，最大程度地保留城市文化景观和历史古迹，例如宋代的千年古道、极具岭南文化特色的骑楼建筑等，并且优先保护"老字号"企业。与此同时也要统一区域商贸环境的装饰风格，在建筑高度、建筑附件、室内装修等方面对商家提出具体要求，更在产品品牌、质量、服务上严格管理，建立良好的商务形象，促进商店与旅客的娱乐互动，展现广州浓厚的文化底蕴，打造一流的购物体验。

2. 艺术介入，展现丰富文化气息

高端商业环境一定要有文化元素的融入，我们可以在街道或道路的景观或公共设施中增加一些富有人文特色的雕塑、装置或图案，可以把城市的文化内容及历史知识融入其中，凸显当地的文化特色，营造艺术氛围浓郁的购物环境，不但富有艺术性还有教育性，提升商业活动的内涵与质量。

图3-46 道路景观及步行街的艺术氛围

图3-47 各类导向设计效果

3. 注重系统形象，增加标识与导向设计

我们需要增加步行街，但并不是纯粹在数量上增加，还要进行整体布局，根据每个街道的历史和人文特色进行系统的形象设计，为整个街区设计统一的标识、标准色和标准字体，用简洁的符号向大众展示城市的历史文化和城市景观，打造一套专属广州的视觉识别系统，并将其融入到城市的方方面面，例如植入购物袋、购物小票等商业用品中，全方位铺陈艺术与创意气息，将城市的视觉形象设计融入到城市品牌建设，实现与大众更好的沟通。

街道的导向系统是一种城市交通的指示系统，它能使人们在复杂的城市交通中快速找到最近的路线，并到达目的地。人们每天都会与街道的导向系统打交道，足以见得街道的导向系统设计是展示城市的艺术氛围和文化层次的重要元素。然而，广州的导向系统设计并不那么成熟，总体上存在设计粗糙、形式凌乱、功能欠缺、艺术感薄弱等问题。我们可以在总体规划中对广州各地的导向系统作大方向的要求，同时结合各地的特色，融入地理文化特征，与所在街道或建筑物的空间造型密切结合，让这些导向元素在广州的每个角落都焕发出时尚的艺术气息。

3.7　灯光与夜景的特色设计

城市夜景就是通过灯光的照射，与道路、建筑物、桥梁等相互结合形成的景观，其中灯光在夜景中起到关键的作用。在现代城市的建设中，灯光夜景的角色越来越重要，是城市魅力的体现。本节重点研究广州灯光夜景的现状与发展方向，为广州城市艺术的发展提供新的思路与方法。

3.7.1　广州灯光设计的案例

和北方人对比，广州人民的夜生活非常丰富，活动种类非常多，不同的活动需要不同类型的照明方式。[1] 广州的灯光照明设计非常丰富，案例很多。

1. 珠江两岸的灯光设计

夜晚是一个城市中最能体现美丽的时刻，夜晚的灯光可以掩盖很多景观的不足，五光十色的灯光可以照射出异常梦幻的色彩。今日的广州珠江，两岸景色宜人，向市民和游客呈现了广州沿江发展的历史文化，体现了广州的城市魅力。在广州的夜景中，最有特色的就是沿江的风景，灯火璀璨，给造访此地的人满满的视觉享受，其中海心沙及中大码头、二沙岛码头等珠江夜游线路是最美的，是广州市的旅游亮点和夜游地标。

2. 上下九步行街的照明设计

上下九步行街是著名的"西关商廊"，在广州的商业活动中具有重要的作用，其富有特色的骑楼是岭南风格建筑的瑰宝，整个街道有300多间商铺，主要是各类服装品牌和饮食小吃，相对北京路步行街，上下九步行街的商品以中低档为主。夜晚的上下九步行街灯火璀璨，热闹而喧嚣，因为该步行街是广州市民夜晚逛街购物的主要去

1 李建军，户媛. "城市夜规划"初探——"广州城市夜景照明体系规划研究"引发的思考 [J]. 城市问题，2006（6）.

图3-48　珠江两岸的灯光夜景

处。其灯光营造具有一定的特色，整体采用了暖黄光，局部搭配与商店相结合的其他色彩。灯光色彩的搭配柔和舒适，平易近人，把西关骑楼的建筑特色和商业气氛烘托出来，让古屋、茶楼、招牌都具有光彩夺目的效果，一方面凸显步行街浓厚的历史感与沧桑感，一方面让这条历史悠久的街道重新焕发活力，净添几分时尚感，仿佛穿越回到民国那个十里洋场的大时代。

3. 广州国际灯光节的设计

广州国际灯光节是一个富有特色的节日，与法国、悉尼灯光节合称为世界三大灯光节。广州国际灯光节源于2010年亚洲运动会，由于该运动会结束后剩下了许多景观照明设施，一方面是出于保护环境和节能的考虑，一方面是由于国内有百分之七十的照明设施皆出自广东省，可见广东的灯光产业在技术和质量方面领先全国，所以广州市人民政府联合中国照明协会举办了第一届的广州国际灯光节，便开始了这一年一度的公共文化盛事。2011年10月，首届中国广州国际灯光节（20天）以花城广场、海心沙为中心，以"夜放花千树，灯火阑珊处"为主题展现了盛大的灯光艺术，现场美轮美奂，体现了建筑与灯光夜景的奇妙关系，并以喷泉、皮影戏、手影戏等传统中华文化元素，以时尚流行区的沙画、动漫、人俑灯、动物灯、器形灯、木棉花、珠江水、舟等造型小品灯光，营造出浓浓的节日气氛，共同展现着创意独特的艺术效果。

2016年广州国际灯光节在广州国际体育演艺中心与花城广场盛大举行，将演艺与灯光效果结合，现场流光溢彩，璀璨夺目，营造出高科技风格与梦幻色彩交相辉映的效果，为来自世界各地的客人呈现了一场精彩绝伦的灯光视觉盛宴。

图3-49　广州2016年国际灯光节的景观

第七届广州国际灯光节于2017年10月27日在广州市启动，为期24天。灯光展的主题是"丝绸之路传奇"，在广州著名的地标广州塔上以精彩的灯光效果展现了广州过去作为海上丝绸之路发祥地和现代化的作用，让大众更好地了解广州的过去和未来。灯光展主要分布在珠江新城地铁站附近的花城广场，为游客呈现了一场视觉和声音的盛宴，也向世界人民展现了中国的灯光文化实力。

广州的灯光节是一个富有特色的节日，是一个国际级别的公共文化盛事，至今举办已有多载，在广州已经具有一定的技术条件与基础，知名度也在不断提高中。我们可以以此为契机，抓住机遇，向来自世界各地的游客输出本土文化，努力把灯光节这个招牌发扬光大，扩大其国际影响力，将其打造成广州的一个文化名片，提升广州创意之都的形象，促进世界灯光产业与文化的交流。

3.7.2　广州灯光艺术的规划

广州的景观照明设施经过10多年的发展，已比较齐备，形成了秩序井然、层次纷呈的整体面貌。现在的灯光技术已经从3D、4D向5D发展，并能与观众产生互动，体验效果丰富。广州的灯光夜景主要通过夜间照明总规划、重点区域照明规划与单体照明规划来实现城市的灯光规划。

1. 在总规划层面，分区提出照明艺术策略

城市的照明规划指的是对一个城市的夜景设计和居民生活的照明管理的建设，包括两个价值属性：功能性和景观性，满足人们的生活需求和观赏需求。然而每一个城市的在地理文化、城市结构和生活方式等很多方面都有所不同，采用千篇一律的照明规划设计只会让破坏城市面貌，失去其本该有的魅力。因此在广州的灯光艺术设计中，要有针对性地对广州进行照明规划，找准城市定位，不仅要尊重已形成共识的国际惯例和基本原则，还要结合广州的地理文化特征，发掘其地域文化和人文历史，做到从意识上重视灯光艺术的作用，凸显地域文化，才能有利于广州的城市形象的塑造。同时要用科学的方法进行整体的规划，要根据现代节能技术与灯光艺术的最新成果，在空间规划和活动方式上结合，突出特色，建立清晰的城市夜间景观照明架构。

另外，发展灯光艺术也要注意光污染的问题。简单而言，光污染指的是人为制造的光线过度，城市里使用了过多的光照系统，这是城市化的一个主要副作用。光污染会影响居民的日常生活和日常活动，既破坏生态系统又污染城市环境，因此在进行广州的照明规划设计时，需要认真评估现有的照明规划，改进照明装置，更重要的是要安排好展示区与生活区的布局。

2. 在重点区域，突出新中轴线和珠江两岸线

对广州的灯光艺术设计，主要是要把2个重点区域做好，突出品牌效应。目前根据广州景观照明专项规划，已经对珠江两岸和新中轴线进行重点布局。

珠江是中国南方最大河系，是海上丝绸之路的起点。珠江贯穿羊城，沿岸景观有许多文化历史遗迹。作为市民生活和游客旅游的主要场所，珠江夜景成为广州的城市名片和魅力源泉。珠江的照明规划要结合两岸载体的性质、体量和建筑年代，由西向东分为不同的区域，充分展现带有浓烈岭南文化底蕴的夜景，使珠江夜游的游人如同行驶在时间的长河，感受珠江不同时段的特色。[1]

而新中轴作为城市形象轴，北端是燕岭公园，南部是海心沙岛，贯穿了广州火车东站，是集中展示近年来城市建设成就的主要轴线，目前尚有很多高大建筑正在建设，可塑性很强。针对新中轴线的照明规划，建议以白色光为主，与城市道路基底的暖色调形成对比，突出科技、时尚、人文相结合的灯光效果。

1 陈海燕，马晔，戎海燕. 亚运会前的广州城市照明组织与建设 [C]. 海峡两岸第十六届照明科技与营销研讨会专题报告暨论文集，2009，11.

3.8 公交站牌与公交车广告

公交站牌与公交车广告是户外广告的一种，在城市发展进程的推动下，广州公交站牌与公交车广告已不仅仅承载着交通信息的发布功能，更被纳入了城市艺术的范畴，成为城市景观的重要构成要素。

3.8.1 公交站牌的设计

公交站牌是城市文化的一个载体，时时刻刻都在与市民和游客打交道，直接体现着城市的文化底蕴和价值观，反映着城市的品位和管理水平。公交站牌或许是城市里毫不起眼的一部分，但实际上它是不可忽视的城市环境实用艺术。优秀的公交站牌与公交车广告能彰显城市的文化气质，并且容易与城市环境融为一体，具有舒适性和易读性，还能给人留下美好的印象。反之，低劣的公交站牌会污染视觉，拉低城市的档次，影响城市的容貌。

公交站牌在塑造城市形象特色方面的功能已被广州政府和市民广泛关注，广州市已制定相关的规则，规范广州市公交站牌广告的设计

图3-50 广州原有的公交站牌设计

图3-51 具有一定特色的公交站牌

与投放方式，如规定了公交站牌广告牌位不得空置，如合同期满未能及时发布广告的应以公益广告补充版面。同时，规划文本还对广州的公交站牌广告设置了规划原则，要求户外广告要尊重和引导广州地域文化，促进广州城市综合竞争力全面提升。[1]

目前，广州的公交站牌广告大多以商品广告为主，内容五花八门，形式杂乱，未能体现广州文化特色。广州的公交站牌广告在实现经济效益的同时，还可糅入瑰丽的本土文化意象，如南越文化、广府文化、岭南文化中的诸多资源可为现代视觉设计提供源源不断的灵感支持，有利于打造独具广州文化内涵的公交站牌，为城市面貌增光添彩，让公交站牌广告兼备更多元的传播功能。

1 广州市城市户外广告设置布局总体规划文本（2004-2010）.

3.8.2 公交车广告设计

随着社会的发展，公交车已经成为人们生活中不可或缺的出行工具。商家在公交车的外观和车厢内部植入了各种各样的广告，向大众传递各类信息。广州的公交、的士数量众多，穿行于广州的大街小巷，直接体现了城市的面貌。公交、的士本应成为城市形象的一种流动风景，但广州的公交车和的士车身设计凌乱，风格过时，色调不统一，广告内容也五花八门，是完全的商品功能主义的体现。这些公交车、的士的广告设计缺少文化内涵，没有考虑广州的元素体现，也没有时尚潮流和创意的设计，不但不能起到美化城市的作用，而且容易造成人们的视觉疲劳、审美平庸。我们应该改进城市公共交通工具的形象设计，着重优化公交车和的士的外观设计，提升其艺术感和时尚感，让富有艺术美及文化味的公交车形象提升整个城市的现代化水平和城市形象。[2]

2 魏恩政，张锦. 关于文化软实力的几点认识和思考［J］. 理论学刊，2009，3（3）：13-17.

图3-52 广州现行公交车的外观设计

3.9 各类艺术节对广州的影响

广州地处沿海，特有的海洋性气质带来了丰富的文化因子，孕育了多元信息带，成为新文化的流行中心。在全球化的发展下，广州的文化活动比较多，文化交流的气氛比较浓厚，每年都举办丰富的国际性艺术节，如广州国际服装节、广州艺术节、广州大学生电影节、广州爵士音乐节、广东现代舞周等活动。同时还引进国外优秀的艺术文化机构进行交流演出，节目风格各异，创意十足，对广州文化的发展带来积极的影响。

3.9.1 各类艺术节的开办情况

1. 广州国际服装节

广州是珠江三角洲地区的全球服装集散地、生产基地和销售基地，拥有全国最多的服装生产企业和最大的服装产量。同时，广州毗邻港澳、辐射东南亚，交通方便，所举办的国际专业节众多，形成了强大的产业效应。

广州国际服装节于2000年由广州市人民政府创办首届，至2012年发展壮大，上演了一幕幕精彩的服装盛宴。广州国际服装节是一个为了促进销售和交流的节日，其在服装展销的规模上逐渐扩大，影响力也逐渐波及海外，吸引大量来自世界各国的参展商家和专业买手的到来。另一方面，随着社会经济和教育的发展，国民的服装品牌意识相比过去有了极大的提高，产生了庞大的时装消费需求，以致许多国际服装品牌为抢占中国市场，蜂拥前来。2014年以来，广州国际服装节的特点越来越明显，其定位"高端、国际"，倡导岭南服饰设计文化，打造从品牌到设计，从面辅料采购到制衣设备一站式服务，建设完整的服装产业链。

图3-53 广州国际服装节

2016年广州国际服装节-秋季于八月下旬于广州市举办，出席本次活动的有来自世界各国的时尚协会、众多的服装商家、知名的服装设计师和媒体代表等。活动展演了来自意大利、英国、韩国等地的参赛作品，汇聚大量走在时尚前沿的设计师人才的力量，共同探讨服装市场未来的时尚走向，同时鼓励本土服装品牌开拓国内外市场，走国际化路线，推动广州发展成为时尚之都的建设。

广州国际服装节虽然只是为了促进销售，但其在文化、艺术品牌建设上的潜力远没有发挥，今后我们要让其融入更多的文化活动与创意元素，结合广州的地理文化特征，发掘本土服装品牌和服装设计人才，创造出新的产业模式，在国际上产生较大影响力，带动广州的服饰文化和商业的发展，将广州打造成一个国际时尚之都，推动广州走向世界。

2. 广州艺术节

广州艺术节首次创办于2011年，已举办多载。目前广州艺术节的知名度不高，主要是演艺性内容，有名家经典剧目，如粤剧、昆剧等民间剧种，还有话剧、舞剧、杂技、音乐会等多种戏、舞、乐等艺术形式，吸引了多个国家和地区的艺术团体前来演出。广州艺术节虽然只是一种活动，但它让文化艺术走进了居民的日常生活，作出让广州市民与艺术的近距离接触的有益尝试。它培养了市民观看演出、品味艺术的兴趣，提高了艺术演出的质量，发展了广州市的艺术消费市场。同时，广州艺术节通过发掘本土音乐艺术瑰宝向普通大众展示出具有浓厚的文化底蕴的广州，对带动广州艺术文化的发展，扩大城市的影响力和营造城市良好的文化氛围有非常好的作用。

2016年，广州艺术节由广州大剧院和广州歌剧院承办，以纪念汤显祖、莎士比亚逝世400周年为主题，引进了近百场来自国内外的优秀演出。活动通过多重优惠鼓励市民走进剧场，培养市民的对艺术的兴趣，提高市民的艺术品位，同时也拉动了艺术消费，推动广州艺术文化产业的建设。

现代网络高度普及，演艺事业也高度发达，人们通过视频可以快速欣赏各种演出，因此想要提高广州艺术节的知名度是非常困难的，可以考虑从以下思路出发：首先广州市要坚持"高水平、高品位"的艺术呈现，同时根据时代的变化，与时俱进，推陈出新，整合明星资源，例如通过使用VR/AR等各种高科技手段扩大影响力，形成品牌效应。其二，广州要采取全球化的战略，向走在世界艺术前沿的艺术表演看齐，取其精华，提高自身的专业水平和艺术内涵。同时要积极主动与国际知名的艺术机构交流切磋，借鉴学习国内外知名的艺术节的活动运营模式，重点学习它们的成功案例，取长补短，完善广州艺术节的不足之处。其三，广州艺术节需要广招人才，一方面是从国内外发掘高专业、高水准的表演队伍，提高表演水平和覆盖范围。另一方面是寻找负责活动管理运营的多样化的人才，为广州艺术节建设一批高质量的人才队伍。

图3-54 广州艺术节

图3-55 大学生电影节

3. 广州大学生电影节

广州大学生电影节是国家广电总局批准的群众性品牌活动之一。是华南地区唯一经广电总局批准的大学生电影节，并成为广东省的文化品牌活动，在内地及港澳高校产生了重大的影响力，学生的参与度非常高。每届广州大学生电影节都由广州市委宣传部、省电影家协会、众多演艺公司及相关大学联合主办，内容丰富、形式多样，有原创微电影大赛、配音大赛、摄影大赛、明星见面会、学术讲座等。

2016年9月9日，第十三届广州大学生电影节在暨南大学拉开帷幕，以"我的第一部电影"为主题，针对全国各地的大学生，设置了包括原创微电影、原创剧本、影评和影视特效等多场竞赛单元，还策划多项电影评选、专家讲座和名人专题讲座活动，吸引了上百所高校的学生参与，极大提高了大学生的电影艺术欣赏能力和审美能力，激发了他们投身电影事业发展的热情，展现了中国大学生群体积极向上的时代精神风貌。

时至今日，广州大学生电影节的影响力仍在不断扩大，重点影响了大学生这个今后的城市主体，抓住了未来的文化市场，但该节日覆盖的大学生群体是很小一部分，仅限于百余所高校，占全国高校总数的比率非常低，主要原因是电影节的前期宣传做得还不够，需要扩大电影节的规模和加大推广力度，充分地利用媒体渠道，吸引更多的高校学生参与该活动。同时，广州可以尝试借鉴学习北京大学生电影节，它是中国的第一个大学生电影节，在全国有超过150个分会场，规模非常浩大，影响力不可小觑。然而广州大学生电影节和北京电影节有许多相同的性质，应当加强与北京电影节的制作团队的交流合作，从北京电影节的过往举办经验中取长补短，扩大广州电影节的品牌影响力，在高校中掀起电影艺术的风暴。另外，广州艺术节可以与团市委合作，组织相关单位协助活动的进行，带动电影文化艺术的发展，提高广州市的文化艺术内涵。

4. 中国音乐金钟奖

中国音乐金钟奖是由中国文联和中国音乐协会共同主办的具有标志性的音乐盛典，每两年举办一届，是中国音乐界综合性专业大奖，也是为数不多的国家级艺术大奖。该奖项从2001年开始举办，目前永久落户广州了。金钟奖不单是内地音乐人参赛，从2011年开始台港澳歌手就可以参加了，具有了更大的影响力和文化效应。中国音乐金钟奖发掘了一批批杰出的音乐人才和音乐作品，促进广州乃至全国音乐市场的成长与发展，同时提高了广州城市的文化自信。

2013年年初，第九届中国音乐金钟奖陆续在南京、扬州、无锡、深圳、广州和北京六地举办，比赛项目各有不同，并于年底在广州举行颁奖典礼。2015年年底，第十届中国音乐金钟奖在广州盛大展开，设立了多项组别的比赛，超过三百名参赛选手在其中切磋比试，角逐金银铜奖项。比赛尤其鼓励中国作品的表演，注重发掘和培养优秀的音乐人才，推动中国音乐文化的发展。

2017年十一月，为期八天的第十一届中国金钟奖评选在广州大剧院、广东星海音乐厅、华南师范大学音乐厅举行，于广州大剧院圆满落幕。这一届的金钟奖展现了大量有才华的音乐人，上演了许多精彩绝伦的音乐作品，比赛竞争非常激烈，全国各路的观众纷至沓来，赛场座无虚席。这一届的金钟奖注重惠民与市场化运作相结合，采取低价惠

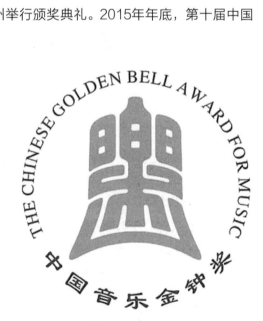

图3-56 中国音乐金钟奖

民的原则，最低票价为50元。同时欢迎社会企业的参与，加大宣传力度，扩大中国金钟奖的影响力，助力打造广州为一个世界瞩目的音乐文化地标。

金钟奖在广州的举办逾十载，为广州带来一定的文化影响力，并且对提高市民的音乐素质和音乐修养起到了积极作用。但广州依然是没有充分利用好这一文化资源，尤其是在对音乐产业的推动与市民的艺术熏陶方面尚有很多改善空间，可以进一步加大后期资源与影响力的挖掘，提升广州在音乐艺术方面的知名度。其一，广州可以利用"金钟奖"这个品牌，定期举办音乐沙龙、音乐艺术讲座等相关活动，营造城市的音乐艺术氛围，打造广州为音乐名城。其二，可以考虑建设金钟奖博物馆、户外音乐雕塑等相关的公共设施，通过传播高雅的音乐文化艺术，让世界各地的游客一同感受广州市浓浓的音乐艺术气息，让"音乐名城"成为广州的城市名片。其三，可以让金钟奖的获奖选手和获奖的音乐作品走进社区，让市民零距离接触和参与"金钟奖"，提高他们的音乐素养和音乐品味，培养广州市未来的音乐艺术消费市场；走进高校，让获奖选手点拨有音乐爱好的学生，激发学生投身音乐艺术事业的热情。

3.9.2　各类艺术节的举办作用

艺术节的举办对广州文化的提升具有重大意义，广州可以通过各类艺术节来提升民众的文化素养和艺术品位，也可以借助艺术节来对外宣传广州文化，传递广州的发展理念，提高广州的影响力。广州可借鉴戛纳的发展经验，把艺术节办成有国际影响力的盛会，通过有品牌效应的艺术节带动广州文化进行输出和传播，产生国际效应。

宁缺毋滥，广州的艺术节在举办中也要注意不能过于泛滥，要有重点、有主次、有层次地进行，可以精心选择1~2个节日主打，其他系列相关的艺术节负责配合和补充，形成广州艺术文化的集结地。一旦选定作为广州文化代表的艺术节，必须协调好各个相关单位，全力以赴，精心策划，结合广州的地理文化特征，充分体现活动的文化内涵、主题创意和娱乐互动性，办出活动的特色与层次。同时要有效利用各种媒体渠道，加大宣传力度和扩大覆盖范围，要积极主动与海内外的艺术机构交流，扩大艺术节在国内外的影响力。当然艺术节也要秉承惠民原则，适当低价惠民，打通民众与艺术节之间的通道，提高城市居民的文化品位，营造广州市良好的艺术氛围，提高广州市的文化软实力。

3.10　广州艺术院校及艺术名人

文化建设在每个城市都不可或缺，而文化的建设离不开高校，也离不开文化名人的带动。同样，在城市艺术的发展方面，我们要考虑在新形势下如何赋予艺术院校新的职责与新的机遇，也给艺术教育提出了更多的发展可能。[1]

1 申博. 广西高校艺术类专业产学研合作的研究：以广西三所高校艺术类专业为例[D]. 桂林：广西师范大学，2011.

3.10.1 广州艺术院校的功能发挥

近年来，在政策的导向与市场的需求下，广州的艺术教育日趋蓬勃，广州的高校相继成立或完善自己的艺术与设计学院，循序渐进地提高艺术教学的水平。

广州的艺术类院校非常多，比较传统的有广州美术学院，而在综合类大学里兴办艺术专业的高校如中大、华工、广工等也非常突出，体量十分庞大。但它们在服务社会的合作机制中还存在不少问题，主要体现为：

1. 政府的投入与主导作用发挥不足

在全国文化创意产业开展得如火如荼的形势下，广州对艺术院校的投入略显不足，相对于国内其他城市，广州在艺术类科研项目、艺术场馆、艺术活动等方面对艺术院校的支持还可继续加大。另外还需和教育局一起对艺术院校的办学方向与教学形式进行主导，通过产业联合、市场推动等方式让艺术院校发挥更大的作用。

广东的教育与文化在全国发展相对滞后，广州的艺术院校存在定位不清晰，缺乏清晰的办学思路，学科规范模糊，专业发展缺乏科学论证，比如将产学合作仅视为现有教学模式下学生实习的补充途径，研究成果重理论轻实践，重独立轻合作，不重视对艺术成果的技术开发及转化等问题，没有担负起对提高广州艺术发展的责任，没有起到带动或促进广州艺术产业及城市文化发展的作用。

2. 缺乏与业界可持续合作的机制

广州是经济发达的省会城市，也是一个产业基础很好的地方，是中国最发达的城市之一，GDP总量居全国第三位，目前广州囊括了297家世界五百强企业。广州的艺术院校应该和产业进行很好的合作，但目前我们艺术院校与业界的联系呈现出短期化、临时化、零碎化、离散化的现象。除了学校的办学成果难以落地的原因外，还有双方的合作机制没有建立起来，关于风险、收益、管理等诸多问题没有一个可行的模式，也没有权威部门去组织与建立相关平台。今后我们可以在建立这种合作机制方面多下功夫。

基于广州艺术类院校的办学现状，为了使其在广州城市艺术建设中

图3-57 广州艺术院校的总体形象

发挥更大作用，我们应当遵循以下发展思路：

（1）明确各方的权、责、利分配，构建符合文化艺术市场规律的艺术院校。在这过程中政府负责营造良好的创新氛围，并为产业的健康发展铺路；艺术类院校依据文化市场的现实需求培养学生，在社会中营造良好的文化氛围。企业则是利用院校培养的人才进行艺术创新的主体，也是对城市艺术发展的实施主体。

（2）以实现互利共赢为根本目标。互利共赢是检验所有合作单位的一个标准，所谓共患难易共富贵难，广州的艺术院校要和企业界有共同的合作发展，必须建立起合理的有促进作用的利益分配机制，当然这个利益不单是经济方面的，还有社会、文化方面的利益。要在合作框架协议中明确各方的权责与收益，要通过利益的分配来汇聚各方力量，引导创新方向，以实现院校、社会、企业的长久合作，实现共赢。

（3）遵循分层次逐步推进的原则。新形势下的艺术类院校办学机制的制定还必须考虑文化创意产业发展的整体情况，针对当前国内市场还不够成熟、创新技术还不够领先的特点，合理布局，制定分层次、分重点、分阶段的规划，逐步推进，并在实施的过程中不断调整修订。要在政府的主导下，点对点式地开展某类艺术学科和某项文化创意产品的对接，建立稳固的关系后，再逐渐推行更深层次的项目合作。[1]

1 吴蓉. 新形势下艺术类院校产学研合作机制探索[J]. 金华职业技术学院学报，2014（5）.

3.10.2 广州艺术名人资源利用

广州从事艺术研究的专家非常多，这些专家或名人是广州的一种资源，是一种珍贵的文化遗产。在广州文化建设中，我们要研究如何利用好这些名人的效应，借助名人提高广州的知名度，在城市文化和艺术气质方面发挥应有的作用，提高城市品牌形象。

1. 部分广州艺术名人的简介

（1）高剑父

高剑父，名仑，子剑父，1879年生于广东府番禺县，1952年卒于澳门。高剑父是中国近现代国画家与美术教育家，也是岭南画派创始人之一，是广东画坛泰斗，与高奇峰、陈树人并称为"岭南三杰"，在中国美术界有极高的地位。高剑父在国际上也有很高的声誉，他的作品《江关萧瑟》和《绝代名姝》在比利时万国博览会上获得最优等奖状。他的《松风水月图》被德国国家博物馆购藏。高剑父不但自己的艺术造诣高，还先后创办过多间美术院校，其中最出名的是春睡画院，其本人还曾在中山大学担任教授，为广东美术界培养了如黎雄才、关山月和方人定等大量的艺术人才，对广东乃至全国艺术发展都作出了巨大贡献。

（2）关山月

关山月，原名关泽儒，于1912年生于广东阳江，早年得到高剑父的赏识，得以在高剑父创办的春睡画院学习，成为岭南画派第二代的代表人物，是中国著名的国画家、教育家，历任广州美术学院教授、院长，广东艺术学校校长，广东画院院长等职，还是中国美术家协会副主席，并于1982年被香港中文大学聘为校外委员。他的作品在传统水墨画的基础上融入了西洋绘画的特点，为中国画建立了新的体系，探索出一条革新的创作方向。关山月倡导"笔墨当随时代"的艺术理念，其绘画紧跟时代的发展，作品的题材尤其丰富，带有明显的时代特征，为中国的山水画作出突出贡献。1959年，关山月与傅抱石合作，为新建的人民大会堂绘画了巨型国画《江山如此多娇》，惊艳了国人。除此之外，他的许多作品参加过苏联、澳门、香港以及国内多个地方的展览，艺术造诣颇高，在国内国外都有巨大的影响力，对我国美术人才的培养和行业发展产生了巨大的促进作用。

（3）黎雄才

黎雄才祖籍广东省高要，在广东省肇庆长大，他是岭南画派中卓有成就的代表人物，与关山月、杨善深、赵少昂并称为岭南画派四大著名画家，曾在广州美术学院担任教授。黎雄才的画风独特，继承了"折衷中外，融合古今"的岭南画派思想，通过将传统国画的技法与日本画、西洋画的技法相结合，衍生出不一样的风格，对传统中国画作出了创新与突破。黎雄才尤其擅长巨幅山水画以及花鸟草虫等创作，具有"黎家山水"的美誉。其作品获得过"比利时国际博览会金奖"等国内外众多奖项，为我国的艺术文化与社会服务做出了卓越的贡献，是当之无愧的当代国画家与美术教育家。

（4）胡一川

胡一川是著名的版画家、油画家、美术教育家，是革命美术中重要的领导者，在我国的抗战岁月中为革命的发展发挥了巨大的作用。在鲁迅先生的新兴木刻运动的号召下，胡一川积极响应并创作了许多的木刻作品和油画作品。他的作品具有明显的个性特征和时代特征，积极响应革命，鼓舞士气，体现了艺术家的爱国情怀和革命热情。其绘画笔法粗狂、创意大胆，不加细腻雕琢却能体现出最传神的精神内涵，在我国美术界具有极高威望，在中国油画史上有不可磨灭的贡献。胡一川历任中央美术学院教授、广州美术学院院长等重要职务，与广东美术教育及社会发展有着密切的关系，在美术教育上功勋卓著，是深受广东人民爱戴的老一辈艺术家。

（5）潘鹤

潘鹤，生于1925年，广东南海人，是我国雕塑艺术的大师，是中国美协第二、三届理事和广东分会副主席，现为广州美术学院雕塑系终身教授、中国美术家协会常务理事、广东省美协名誉主席、广东省政协常委等众多职务。潘鹤从1940年开始投身艺术事业，从事雕塑艺术创作60余年，以拓荒、创新、执着追求的"开荒牛"精神，完成了雕塑作品370多件，其中有60多件被各类美术馆及博物馆收藏，有100多座大型户外雕塑现在分别坐落于国内的60多个城市，并且获奖不计其数。潘鹤为高等艺术教育引进了城市雕塑的课程，是中国雕塑教育改革的先行者。潘鹤雕塑艺术园也是目前中国最大的以雕塑家命名的雕塑艺术园，囊括了潘鹤创作的100余件雕塑作品，艺术园坐落于广州海珠区，属于国家3A级旅游区，于2008年5月4日向社会大众开放，成为广州旅游文化的一个亮点。

2. 广州艺术名人的作用发挥

鲁迅说过，一个没有伟人的民族是可悲的！同样，一个没有名人的城市也是有欠缺的，广州在文化艺术方面的名人体现了广州文化艺术的发展水平，并逐渐形成名人效应，拉动巨大的人流、信息流和资金流，不仅给城市带来新活力，还带动了广州城市经济和艺术文化的发展。可见，我们要有效地利用名人资源，发挥好广州市艺术名人应有的作用。我们在对待广州艺术名人上要注意以下两点：

（1）要继续挖掘培养更多的艺术名人

目前广州在文化艺术方面的名家数量并不多，还需要大力挖掘和培养名人。首先要形成良好的文化环境，创造更优质的条件，以此吸引更多重量级的名家。广州的经济发展状态良好，需要在艺术文化的名人方面加大投入。其次要挖掘培养本土艺术人才，扩大名人效应，由此彰显广州的历史文化底蕴。广州目前的艺术和设计界有潜力的青年人才非常多，要通过给予项目经费和发展机会等方式支持其向更高层次发展。广州要提升一个地方的文化实力，关键是要有人才，因此大力吸引或培养人才就成为非常关键的工作，它能带动广州的文化艺术业迈向更高的层次，扩大城市品牌效应，提高广州在国际上的知名度和美誉度。

（2）要最大限度发挥艺术名人的作用

艺术名人的作用是非常巨大的，如维也纳的音乐巨匠们给维也纳带来了无价的财富，虽然广州很难有国际影响力的艺术大师，但对于中间层次的名人也有很大途径去发挥他们的影响力，促进广州文化艺术继承与发展。

　　首先，广州可以利用艺术名人的光环建立各类与艺术名人相关的创意产业园，定期举办相关的讲座、沙龙和展览等艺术活动，积极向市民和游客宣传他们的事迹和作品，打造兼具艺术欣赏和娱乐互动的旅游文化亮点，提升广州的知名度与影响力，营造良好的艺术氛围，最重要的是通过他们的成才经历可以激励更多的艺术人才为广州文化的发展贡献力量。

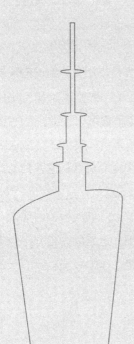

第四章

广州城市艺术与文化
发展的关系

艺术是一种文化的体现，也是一种精神的
载体，我们通过城市里各种各样的艺术载
体，能以看得见摸得着的形态来让无形的
广州文化和精神形象变得生动形象，得以
在实体上展现，并因此促进广州城市的发
展，增加广州城市的精神内涵。

目前广州历史文化的很多方面都还没有以
一个活生生的形态出现在市民的生活中，
如何用艺术的手段对其进行展示是一个新
课题。因此，由市政府出面，联合设计院
校适当组织一些活动，鼓励学生群体和艺
术家创作城市艺术作品，使得这类作品成
为一个城市的文化输出，增加城市间的竞
争力；并且也能抵挡在全球化过程中外来
文化对地方文化的冲击。

4.1 现代经济形势下广州文化面临的挑战

随着经济的发展，人们的生活方式、文化理念已经悄然发生了变化。如何适应这种变化，满足人们对高质量的文化的要求，已然成为社会总体发展所要面临的重大课题。而社会发展中经济的发展也离不开文化的力量来支撑和推动，所有先进的管理和先进的产品无不是先进文化的结晶。因此，优化文化环境，提高人们的文化觉悟，既是广州文化建设的需要，也是广州文化发展面临的挑战。目前，已有美、英、德、法、澳等10多个国家在广州建立了领事馆，10多个世界知名城市与广州建立了长期友好合作的城市关系，上百家知名企业落户于广州，2010年亚运会的成功举办更是将广州推向了更大的舞台，其经济、文化被世界所关注。广州的本地文化如粤剧、杂技、曲艺也纷纷受到海外观众的喜欢，这些都为广州文化品牌的树立、传播提供了良好的契机。

广州作为国家的中心城市，虽不比北京、上海，但在文化发展上同样具有相对优势，只是广州的文化整体实力不强，不能与北京、上海、巴黎等城市媲美，这是因为与国内外先进的城市相比，广州的文化产业在技术、经验、管理上都有明显差距，作为我国重要的一线城市，广州文化面临以下几点的挑战：

图4-1 广州的粤剧文化

1. 广州文化发展力度不强

广州在改革开放三十多年来，各项文化事业均有了根本性的改变，出现多途径、多层次、全方位的发展热潮，文化基础设施已初具规模，社会文化、群众文化呈现了繁荣局面。从原来注重经济发展的"功能性城市"向"文化城市"迈进。但是广州文化的发展，在国内还不是最优秀的，在城市文化建设上重视不足，在宏观调控和技术指导方面还可以做得更好，部分区域还存在文化发展不均衡，文化对社会驱动力不足等问题。

首先，广州城市文化制度完善程度比较低，从文化景观到历史街区的完善不明确，这与广州作为国家中心城市的身份并不匹配。其次，广州的公共文化服务体系也不完善。虽然广州为迎接2010年亚运会投放了大量资金去建设公共设施，但公共文化设施覆盖率效果仍然不高，其建设的档次和类型仍不能满足市民需要，没有从根本上完善公共服务体系。广州目前仅有公共图书馆16座，而北京、上海的公共图书馆分别是25座和29座，数量与质量远高于广州。再次，市民的文化认同感不高，未能凝聚强大的社会向心力。最后，广州文化同经济发展未能完全同步协调，与广州作为一个多功能的中心城市，作为对外开放的重要通道，作为中国面向世界和世界了解中国的一个重要窗口的地位不相适应，更与人民不断增长的文化需求和现实水平存在差距。所以提高文化发展力度刻不容缓。[1]

2. 广府文化推广力度不够

2200多年来，广州一直处于广府文化的中心，在城市的发展进程中，已经积淀了丰富的历史文化资源。但可惜的是这些资源却未得到充分的推广和利用，未能最大限度地彰显广府文化的魅力，亟需改变。

很多城市在'改造旧城'中，被利益驱使、被人情左右，实施过度的商业化运作，急功近利，使得很多有价值的历史城区夷为平地、很多当地文化就此消弭。过度在乎利益价值，从而忽视了文化推广。

广府文化要想发展壮大，必须在推广方面要跨越两大障碍，一是代际年龄的障碍，即不同年龄段人们对广府文化的传承和推广的巨大反差。二是外来文化的障碍，主要是如何面对外来文化的冲击。广府文化历史悠久、魅力无穷，但由于有这两大传播障碍的存在，使得文化推广一直踌躇不前，也由于推广方法和途径过于传统和狭隘，致使广府文化的推广效果大打折扣，远未达到要求。

[1] 文彦子. 科学地评估广州文化发展的历史和现状 [J]. 广州研究，1986（1）.

图4-2 广州古老凉茶铺的记忆

3. 广州民间文化未经挖掘

广州有很多零散的民间文化，如海珠桥、十三行等各种古老的桥梁道路的故事，还如广州书院、文化街的记忆，以及恩宁路的骑楼、海珠区成珠楼，在这逛街、看戏，吃小凤饼，还有街头巷尾的凉茶铺子等。这些散落在民间的文化就如大海的珍珠一样散在广州的各个角落，一直没有引起各界的关注和重视，其现代价值也未得到深入挖掘。

随着经济的发展，广州传统的民间文化在现代商业的光芒下越来越暗淡，甚至在各种各样的利益角逐中日渐消失，现在还能保存下来的民间文化已经少之又少。[1] 我们在发展广州现代化城市时要特别关注和挖掘这些古老而零散的民间文化，使其重新焕发光芒。

4. 广州文化找不到新的发展方向

随着人们生活方式和思想观念的逐渐发展转变，很多内在、外在因素都在冲击着传统的城市文化。如城区扩大、人口增长、产业转型等诸多因素都对城市文化产生着激烈的影响。在这些影响下使得广州的文化建设方向到目前为止还不是非常清晰，存在重商轻文、重洋轻本、重今轻古等倾向，那么，如何在这些影响中找到新的发展方向，带动城市文化的发展，广州需要发动全市人民深入思考，慎重做出选择。

1 李斯璐. 七成人从来未听说东平大押: 广州本土文化消失和遗忘 [N]. 新快报, 2015-11.

4.2　城市艺术形象如何促进广州文化的发展

当前，人们越来越追求良好的生活环境和丰富多彩的文化体验，追求物质生活的同时，更加注重精神方面的体验，而城市艺术的发展非常有助于实现人们所追求的精神目标，提高居民生活的层次。

城市艺术又被称为"城市环境艺术"，是使城市环境符合人们某种审美需求的科学及实践措施，包括城市建筑、环境、道路等众多内容。随着信息时代的加速发展，陈旧的城市环境已经不能满足现代人们的审美，在城市的公共艺术中，越是未来化、别样化就越能引起人们的注意。城市艺术既能增强人们的文化意识，促使文化的传播和推广，又能提升一个城市的整体气质和改善市民的生活质量，还能建构新文化和新产业，是城市发展的重点项目之一。城市艺术对广州文化的促进作用有以下几点：

1. 城市艺术可以让文化有形化

城市艺术是彰显城市特征与魅力的重要文化符号，新时期应该全面推进城市艺术，加强广州城市艺术与文化的结合发展，让广州文化变得有形化，成为广州文化的城市名片。城市艺术是记忆获取的途径，这是一座城市的特色，一种年轻、时尚的艺术形式。城市艺术通过对城市道路、建筑、公共空间等形象的控制，构筑城市意象，使城市文化在大多数居民心里形成共同的印象。城市艺术的公共性、具象性和体验性能唤起城市居民记忆深处的成长经历和生活经验。

图4-3　沙面雕塑对生活的记忆

城市艺术也不仅仅止于美化城市的道路和建筑，还有商场、博物馆等公共场所的周边物品都可以算作城市艺术，如广州时尚天河商业区的卡通公仔、积木、小火车等，赢得消费者驻足拍照，也唤醒了人们童年纯真的情怀，使得时尚天河不仅仅是一个购物中心，更是人们心灵的栖息之地。

广州的兴起和沧桑演变，无不记录着广州市民在悠长岁月中所经历的生活感悟、思维、习俗和情感，这些经验与情感均可通过城市艺术锈刻下来，如城市雕塑，将会永远流传，凝固成市民对广州的视觉识别和记忆载体。

又如广州黄花岗烈士纪念碑，这是城市艺术在特定的场所和特定的环境中，铭刻、纪念、叙述着广州精神的故事、文脉、民情与社会理想，它们共同构成了城市生活中闪耀的精神与回忆。城市艺术将会以更富生命、更加具体的方式呈现于城市实体中。

一个城市的艺术形象，大至建筑艺术、城市公共景观、社区或街道环境，小至单件设施、一草一木，无不反映着一座城市及其居民的生活历史与文化态度，是一座城市的精神形象和气质的实体再现。

2. 城市艺术可以成为文化宣传的工具

城市艺术通过独特的意象语言，使城市文化在环境空间中渗透，与自然环境、人文环境形成强烈的视觉张力，把与城市相关的知识、观念、诉求、文化充分传递于艺术品中，使城市建筑、城市小品等艺术品成为文化宣传的工具，以人们喜闻乐见的形式传递，例如：街道彩绘、话剧、表演等，从而提升城市的知名度。

艺术是必需品，而不是奢侈品。城市艺术是对自身文化的展现，也是对自身文化价值资源的宣传和利用。像巴黎圣母院、雅典卫城、中国故宫等这类文化遗产要闻名于世，就必须依靠各种艺术形象进行宣传，这些城市艺术形象就是城市物质文化符号的表现体，是城市文化中不可缺少的构成部分，可以通过艺术符号的宣传使城市形态、环境、意象与文化完善的融为一体。

优秀的文化艺术形象宣传能充分实现本土文化的价值，可以唤起人们对城市生活的记忆。艺术不应只存在于美术馆、博物馆，给人距离，艺术作为城市发展魅力的一个重要元素，应被市民接触，存在于日常生活中。对于广州文化来说，城市艺术形象就是文化宣传的阵地，街头就是城市艺术的特色，能加强文化影响力。[1]

1 丁玲. 本土文化
  与城市艺术形象
  [J]. 国外建材科
  技，2007（2）.

3. 城市艺术可以合理组织文化资源

城市艺术对文化推动的另一个方法是以建立各种文化创意产业园的方法盘活各种工业遗产资源，实现可持续的发展。众所周知，改革开放后广州开始大规模的工业生产，工业遗产是广州的宝贵资源，当中凝聚着广州城市发展的记忆，如若以艺术手法合理组织和利用这些遗产资源便会具有更加重要的意义。

在工业遗产的再利用中，通过艺术手段来建设创意产业园是常用手法。我们可以从中添加现代元素，引进服装、影视、设计类企业进驻，打造具有广州历史文化特色的产业园区。利用这类创意产业园也能增加游客量，提高产业收入。

图4-4 北京天坛的艺术符号

图4-5 广州TIT创意园的工业文化

创意产业园的建立不但利用了废旧的工厂，改善了周边环境，提升了城市吸引力，而且让某种无形的城市文化记忆得以延续，是对文化的一种可持续发展。

4. 城市艺术会吸引其他文化进行融合

在当今城市建设中，文化交流发挥了重大作用，优秀的文化能够吸引其他地区的文化进行融合，进而促进城市的发展。而城市艺术就是一种文化交流的引子，以其自身的魅力去吸引其他文化来进行融合。如早期中西方绘画的交流无疑对岭南文化产生了一定的影响。

在广州现代艺术发展中，如红砖厂、TIT创意园、琶洲会展馆等，都是文化交流和融合的城市艺术的一种体现。随着广州的城市艺术不断发展壮大，从而形成一种文化"漩涡"，逐渐吸引周边文化的融入，让广州文化更趋于多元化、全球化。在广州城市艺术的融合发展中，应将广府文化与现代艺术设计结合，通过再包装设计进行网络传媒推广等一系列宣传，同时加强对建筑如粤民居骑楼、广州塔、广东博物馆等的文化融合作用，对广州形象进行同步宣传，并且积极设立广府文化类的全国性甚至全球性的相关比赛，吸引更多文化融入到广府文化中，形成新兴的、更受人欢迎与热爱的文化，这也是对广府文化的一种新传承。[1]

1 大洋网广州日报，陈Sir扬言（1823期）.

5. 城市艺术可以丰富人文教育体系

城市艺术形象可以完善城市人文建设体系，如广州海珠广场及黄花岗烈士陵园的雕塑，通过这些生动、灵气的艺术形象来对广大市民间接地进行着爱国主义教育和历史教育，激发人们的爱国主义情怀。人们的文化素养是要通过某些载体或途径去建立的，如黄花岗烈士陵园就是通过英雄墓碑这一载体来纪念历史，从生活中丰富人文教育，而城市艺术却是一种与历史纪念碑截然不同的、非常有效和生动的载体，城市艺术是连接广州城市文脉与广州城市生活理想的重要媒介。城市艺术为城市营造出有格调的艺术环境与浓郁的文化氛围，使其潜移默化地影响着城市居民的生存形态与提高审美趣味，给城市居民带来文化愉悦，陶冶人们的情操，升华人们的理想，激发人们的创造能力。

6. 城市艺术可以让广府文化包装输出

广州的历史文化积淀确实不如北京、西安等古都城市的厚重，广州也一直在"文化荒野"、"南蛮子"的帽子下不敢大张旗鼓的在国内外进行文化输出。但广州有广州特有的韵味，我们不应局限于以往的评价中，我们应该先自身有足够的文化自信，然后依靠现代艺术的设计力量，通过艺术这一鲜明的载体让广府文化活灵活现起来，再进行广府文化的包装输出，积极对外推广广府文化。国内不乏成功案例，像昆明的世博园、大连的服装节、青岛的啤酒节、西湖的狂欢节、南宁民歌艺术节等都成功地将当地的文化进行了整合、包装、输出，在全国各地掀起文化潮流。

艺术的魅力是极大的，它能够加速一个城市文化的传播速度，提高城市文化的整体魅力。不同的城市文化会呈现出不同的艺术形象，艺术形象是城市文化展现的一种载体，广州城市艺术的形式是丰富多彩的，能通过生态景观、街道环境、建筑、雕塑、灯光、广告媒体、音乐、表演活动等载体彰显广州的文化特质。通过对其进行灵活的运用，可以把广州的本土形象、传统故事、风土人情、文化创意等文化进行包装对外输出，进行文化交流，传递广州的城市气息。

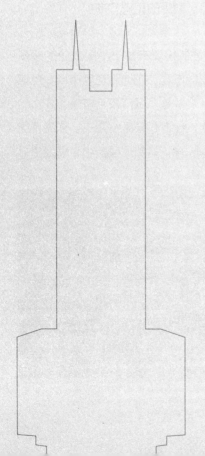

第五章

城市艺术对广州商业转型的帮助

千百年来的商贸历史沉淀、独特的商业文化造就了广州人的生意头脑和对商贸的热情。广州现拥有十多个大型商圈及商业步行街，还有数不胜数的批发商城和商店。商贸是广州的城市灵魂，早在战国时期广州就开始了对外贸易；而从汉朝开始，广州成为海上丝路的主港，近代以来更是重要的通商口岸，现在广州依然是世界知名的商业城市。广州作为全国最大的工业品批发中心早已闻名海内外。但正是商业的高速发展，使得城市个性慢慢消散，出现了"千城一面"的现象。

5.1 广州商业的发展过程与形态

　　广州的商业模式发展可以分为五个阶段。第一阶段（1999～2000初期）商铺市场萌芽期，这一阶段陆续出现了分散的商业点，但由于其种类不全、规范不够完善，还处于无序状态。第二阶段（2001～2005中期）属于专业批发零售市场的发展时期。这一时期出现了专门的批发商店，如仓储式的连锁超市，以零售的方式进行售卖和批发。第三阶段（2007年）属于大型的购物中心形成时期。这一时期开始出现一群建筑群，组合形式的商业设施。第四阶段（2008～2010年）属于社区商业发展时期。社区商业以社区范围内的居民服务为主，在市场需求、竞争加剧和国家规划布局的影响下，社区商业发展迅速。第五阶段（2013～至今）大型购物中心和主题商城出现。在原有大型建筑群的基础上，出现主题式的商城，通过建筑设计，室内装饰，体验式服务等细节搭配，形成统一的主题，使消费者置身其中。直至今日广州的商业中心已经有20多个，如市二宫商圈、客村商圈、珠江新城商圈、天河城商圈、北京路商圈、琶洲会展商圈、三元里商圈、广园新村商圈、同和商圈等。

　　得益于得天独厚的地理环境和历史原因，广州的商业贸易额一直排在全国的前列，也是全国电子贸易的聚集地，拥有全国最完善的线下实体商业经营模式。据2014年数据统计，广州是全国快递拥有最大发货量的城市，这得益于广州对电子商务的重视和推广，在全国范围内处于领先地位。

　　广州由于改革开放比较早，在市场经济的导向下，市场的投资来源于不同成分的投资者，因此形成了大大小小的主题类专业市场，如中大服装布料市场、花地湾花鸟市场，但这些市场并不像义乌小商品城那样属于综合性的专业市场，而是散落在城市各个角落。广州的传统商业模式总体规模较小，以制造业、零售、批发、餐饮、住宿等服务业为主。在消费能力上由于早期广州本地居民较少，广州传统商自身消费能力较弱，消费规模较小，需要依靠

图5-1　农林下路商圈

图5-2　天河城广场内景

进出口来刺激消费。

　　但现在广州作为一线城市，外来人口大量涌入，再加上高知识分子的人才引进，消费能力逐年增长，另外由于商业的发展，消费规模不断扩大，部分市场出现供不应求的现象，尤其体现在饮食上。

5.2　创意产业与广州商业发展前景

1 吴源. 城市文化创意产业园向RBD的演进模式研究——以广州为例 [J]. 城市旅游规划，2016年7月下半月刊.

　　商业在城市中的主要载体是购物中心与商业步行街，而城市艺术在商业发展中的推动作用主要是营造良好的商业环境，形成满足人们游憩、审美、学习、购物等多种需求的新体验空间，提高商业吸引力。[1] 另外还可以发展形成商业文创产业，直接生产艺术商品进行销售，增加商品品种，扩大市场容量。

1. 创意产业园

　　创意产业包含广告、影视、设计、时尚等，近些年来，随着创意经济的高速发展，创意产业发展前景良好，各地都把其当作经济的新增长点，也当成是废旧工厂的改造方法，成为发达地区争相推崇和发展的产业。根据园区所依托的主要资源可分为建筑改造型、产业升级型、科技开发型、咨询策划型等几类。国内外比较出名的创意产业园有美国纽约苏荷区、日本北海道小樽运河、北京798等，都具有产业、旅游、商业的功能。国内外的创意产业园主要有三种模式：单一企业型、独立主体型和复合型。

图5-3　羊城同创汇创意产业园

广州的文化创意园区发展较快，已经有红专厂、TIT、羊城同创汇等一共有24个创意产业园，[1] 在广州的文化和商业、旅游中发挥着重要作用。并且产业园一般选址在郊区，能够充分带动郊区的商业与旅游。

广州的创意产业数量虽然不少，但与北京、上海等城市相比还有些差距，主要表现为创意产业分布零散、规模不一、良莠不齐。由于入园的企业层次参差不齐，在产业影响力及辐射带动方面的能力较弱，因此在广州商业发展中的贡献不大，出现多而不精的循环现象。另外，各个园区的建设还没有形成各自的特色，文化创意要素没有充分发挥，没有带动起以创意引领商业的浪潮。

2. 艺术品市场

艺术与商业的融合将会衍生出新的艺术形式，是包含了纯艺术与商业艺术的新艺术形式，其作品既是艺术品，也是商业产品。[2] 这是艺术对商业发展的更为直接的拉动，但广州的艺术品发展过程中，最大的问题是品牌培育意识较为薄弱，缺少高端市场推广手段，知名度不高。同时由于没有统一的艺术品行业协会，导致出现了不同店价格不等，质量不同，售后不完善等一系列问题。这样长期下去，会使得真正追求艺术发展的人才流失，而只留下商业的角逐，也会导致消费者对艺术品的信任下降，因此导致广州的地域艺术发展困难。

当然，艺术这种精神领域的再发展需要人力、物力、财力，以及政府、机构的投入与支持。经济和科技的发展在很大程度上也影响着艺术商品的开发。但不论其他外在条件如何，至少市场和消费者的需要，艺术与商业都是可以融合的。

对此，广州商业艺术的发展需要有科学的规划和规范化的管理，一是提高艺术品市场的再认识；二是要运用科学规划，合理布局调控；三是要规范管理，完善机制；四是要尊重市场规律。[3] 要联动协调制度，

1 王晓玲. 中国广州文化创意产业发展报告（2011）[M]. 北京：社会科学文献出版社，2011.

2 赵克谦. 论艺术产品社会效益与经济效益之关系[J]. 理论探索，1997（4）.

3 邹跃进. 通俗文化与艺术[M]. 长沙：湖南美术出版社，2012.

图5-4　作为商品的工艺品

在商业艺术中配套开发艺术产品。

另外要建立行业协会并充分发挥其调控作用，不要实行"空壳子"计划。一是要加强行业指导，简政放权；二是政府要正确把握行业协会的发展方向与动态，指导协会建章立制；三是建立咨询服务平台，使市民方便了解行业信息，并且有地可询；四是指导开展行业自律和诚信教育，定期抽查行业违法现象；五是建立书画等小众行业等级评定机制；六是加强市场、人员监管。

最后要加强宣传推广方式，一是要加强媒介宣传与推广，如新媒体推广、宣传单、游行队伍等；二是艺术"故事"创作；三是数据库营销推广，发掘潜在人群。也可分为线上线下宣传推广。

5.3　广州艺术发展对商业形态的影响

现代社会生活种类丰富，艺术也在快速融入人们的生活，成为影响人们思想情感和生活质量的重要因素。同时要强调，艺术与商业并非水火不容，相反它们是互惠互利，你中有我，我中有你的关系[1]。城市艺术的发展对商业的影响主要体现在以下几方面：

1. 优化商业场所的艺术氛围，提升商业层次

商业场所包括商场、街道、创意产业园等地方，属于公共空间。商场的环境与城市艺术相互影响，好的艺术氛围能改善商场的环境，给人以艺术享受，从而吸引消费者，促进商业的发展，如在马来西亚你可以坐着过山车购物，在台湾你可以一边购物一边观看城市景观。总之，商业场所不再是以往纯粹的卖场，消费者可以凭自己的兴趣去体验消费，所以商场融入艺术将有利于提升商业层次。而且艺术发展水平越高对商业发展越有利，只有融入了艺术的商业模式才会比传统的商业模式更新颖，更能提升商业场所的知名度和影响力，进而提升商业的层次，给商业带来附加值。

城市艺术的介入能提高广州商业的竞争力，使广州商业发挥更大的潜能。同时商业为艺术和大众架起一道沟通的桥梁[2]，艺术也会为商业提供新的发展思路和走向。如广州北京路步行街以岭南风情的骑楼、欧陆风情的雕塑小景和时尚的购物中心构建出让人炫目的消费时代城市景观，人们在街上观光、游览、消费，体验历史、时尚品位与

1 孙仪先. 论艺术与经济 [J]. 东南大学学报（哲学社会科学版），2003（3）.

2 张来民. 作为商品的艺术 [M]. 北京：中国社会科学出版社，2013.

图5-5　商业场所的艺术氛围营造

艺术景致。艺术的演绎让北京路步行街散发着流光溢彩的文化气息，致
使客流量日达30万以上，节假日达70万以上，成为中国著名的商业街
道之一，其消费规模和能力也非常可观，可见商业与城市艺术融合的程
度和商业的经营效益呈正比。艺术带动商业也有很多实例，如墨尔本的
CBD区域，每天下午五点过后便是人烟罕至，被戏称为"面包圈"，后
由建筑师杨·盖尔（Jan Gehl）与墨尔本政府城市设计总监罗博·亚
当斯（Rob Adams）主导设计了个性鲜明的公共艺术空间，重新吸引
人们回归CBD。

2. 生产高附加值的艺术品，创造较高的商业价值

一个城市的商业要与这个城市的文化特性相联系，长沙是娱乐之
都，各大著名电视节目与城市的夜生活、特色美食吸引了无数外来游
客；上海是金融中心，各种金融公司入驻上海，引来无数高端技术和人
才。广州是全国经济贸易交流的中心，拥有很好的贸易资源往来，也因
此吸引了无数贸易人才和商人。

广州要发展商业，艺术成为商品是一条可行的道路，可以创造较高
的商业价值。而艺术，我们也可以理解为商业创作，艺术是产业链的上
游阶段，具有高知识性、高附加值等特点，是转变经济发展方式的重要
手段。[1]

广州发展艺术商品要特别注重品牌效应，优化产业结构，政府与本
地的企业要增加投资力度，共同规划和管理好艺术商品产业，另外还要
增强城市艺术消费的力度，扩大内需，挖掘外需。

1 陈忠暖，陈汉欣，冯越等. 新世纪以来广东文化产业的发展和演变——与国内文化大省的比较[J]. 经济地理，2012，32（1）：76-84.

第六章

城市艺术对广州旅游发展的作用

旅游业被人称为最绿色的产业,它对环境
几乎没有污染,而且还能美化市容市貌,
提高城市的总体形象,为当地营造良好的
生活环境。旅游,也不仅仅局限于旅游观
光,一切能丰富人们业余生活和休闲的产
品都可以归属于旅游的范畴。本章研究提
升广州的艺术气质和发展城市品牌对促进
广州旅游产业的作用,为旅游业的发展提
供多种思路。

6.1 旅游业的发展规律与市场状况

　　旅游业是通过自然风景、风俗民情、博物馆、建筑、遗址等旅游资源吸引游客前来参观或度假的一种经济形式，同时会带动周边住宿、餐饮、交通等行业的发展，最终提高当地的经济发展水平。因为旅游业带来的产值是不需要牺牲环境资源的，反而会在旅游区的建设中得到环境的改善，因此旅游业又称无烟工业、无形贸易。

6.1.1　旅游业的发展规律

　　目前在国际上关于旅游业发展规律最具影响力的理论是加拿大学者巴特勒提出的产品生命周期理论。他把旅游地的发展演化归纳为六个阶段，分别是探查、参与、发展、巩固、停滞和衰落或复苏阶段。[1] 这些阶段各有不同特点和规律，是每个旅游胜地都必须经历的。这些理论剖析了旅游地的演化规律，为城市旅游业提供可参照的模本。

　　在中国，根据《中华人民共和国旅游法》，十三五制定了新的旅游规划，即要把握机遇，迎接大众旅游新时代。十三五期间，全面建成小康社会对旅游业的发展也起到了更好的带动作用，为旅游业的发展提供了机遇，我国的旅游业在政府的扶持下，相信会迎来又一个黄金时期。

　　广州具有强大的旅游潜力，把这些理论和政策应用于广州的旅游产业发展中，对广州旅游的发展历程进行界定与研究，寻找有效的发展途径，对广州旅游业的长远规划有战略的指导意义。

1 罗明义. 旅游经济分析: 理论、方法、案例 [M]. 昆明: 云南大学出版社, 2001: 38.

6.1.2　广州旅游业的发展现状

　　广州是国内的知名旅游城市，有非常多的景点，如白云山、百万葵园、珠江夜游、长隆野生动物园、岭南印象园、黄埔古港、石室圣心大教堂、广州塔等，不但有传统文化的韵味，还有现代经济发展带来的成果。而且广州的经济发展在全国处于领先地位，商业发达、治安良好、社会稳定，也因为这些条件吸引了大量的游客来此。

　　作为有2200多年历史的文化名城和广东省府，以及各类贸易活动、

图6-1 广州旅游的状况

图6-2 长隆旅游度假区

学术交流活动在广举办，广州对各地游客一直具有较强的吸引力，广州旅游业从体量来说一直保持快速稳定的增长，其发展过程可以从表1的数据中得到体现：

广州市主要旅游指标统计　　　　　　　　　　　　　　　表1

年份	单位	旅游总人次	海外旅游人次	国内旅游人次
1980	万人次	178.40	175.00	3.38
1990	万人次	668.10	189.10	479.00
2000	万人次	2300.00	420.70	1879.20
2010	万人次	4506.40	814.80	3691.60
2013	万人次	5041.92	768.20	4273.72
2014	万人次	16226.28	2332.85	13893.43

（数据来源：广州市旅游统计报表）

根据表1的数据显示，广州自1980年以来，基本实现了旅游产业制度的转型，旅游市场进一步扩大，旅游设施制度日益完善。1980年至2014年，广州的旅客人次逐年增加，2014年的旅客数量更是2013年的3倍之多。广州的旅游业目前正处于生命周期的发展阶段。

通过对广州旅游地生命周期所处阶段的界定，广州可根据现阶段所处的位置，寻找影响该阶段演变的内因与外因，对各因素实施有效的控制和调整。

目前，影响广州市旅游发展的外因是市场的经济环境与各旅游地之间的激烈竞争；内因是对本地资源的认知与管理、本土资源对游客的吸引力。这需要广州从宏观上对旅游资源进行战略性管理，分析本土旅游资源的特点，以可持续发展的理念建立吸引物系统，并及时有效地开发富于特殊性、时代性的新产品，对吸引物系统进行产品补充，以此达到市场的供需平衡。虽然广州是第一批全国历史文化名城，但除了黄埔军校有全国知名度之外，其他景点都或多或少有着推广局限，著名哥特式建筑石室圣心大教堂的知名度却并不高，我们要在保持广州旅游地的发展势头基础上，延缓衰落期，增加推广手段与力度，我们还需要提高理论水平与创新能力，丰富实践经验。

6.1.3 广州旅游业的融合与转型

在当前社会经济的快速发展中，我国的旅游业面临供需不平衡、地区分布失衡、旅游容量限制、游客组合失衡、产业结构需调整等迫切问题。广州也在这个大的行业背景中产生一些需要我们去面对和解决的问题，要想解决这些问题，旅游业融合及转型是必须的发展途径，认清这些形势才能促进广州旅游业的发展。我们要从旅游资源、旅游人才、资本市场、业务市场等方面进行动态的融合发展，以实现旅游业自身综合价值最大化，从而促进旅游产业结构的升级和转型。[1]

旅游业是全社会公认的最环保行业，但广州在面对旅游产业发展时显得不够重视，还没有进行结构升级，如特色线路少、部分景区利用率不高、不注重包装宣传等，以致游客满意度出现下降，广州旅游的服务、设施、管理等方面依然有较大的提升空间。[2]

如产业复合型综合旅游项目是近几年海南旅游所推崇的转型方向。在这种趋势下，旅游的概念变得十分宽泛，旅游与任何一项活动结合起来就能形成新的复合型旅游，例如旅游与农业相结合成观光农业、与餐饮业相结合成特色美食街、与会展相结合成商务旅游，与非物

1 李美云. 服务业的产业融合与发展[M]. 北京: 经济科学出版社, 2007: 57-64.

2 黄金火, 吴必虎. 区域旅游系统空间结构的模式与优化——以西安地区为例[J]. 地理科学进展. 2005 (1).

质文化遗产相结合成文创旅游、与体育结合成户外旅游等等。单纯的
游玩已经不能满足人们日益多元化的需求，旅游与其他产业融合发展
已然成为趋势，这也是我们追求高品质生活的结果。

6.2　广州旅游资源的现状与走向

　　旅游业从一开始的商业需求到追求自然风光，再到宗教朝圣，体
验生活；旅游业有着不同的表现形式，这些表现形式其实是被底层的
文化所影响着的，当地不同的文化，会在生活中呈现出不同的体验。
广州的旅游资源具有类型多样、数量丰富的特点。[1] 餐饮业的发达和丰
富的自然人文景观都成为了广州旅游的亮点。目前广州的旅游资源可
以归纳为表2所示：

1 张辉. 旅游经济
论［M］. 北京:
旅游教育出版
社, 2002: 5-8.

广州主要旅游资源及其类型 表2

旅游类型	景　　　点
山水观光游	白云山、帽峰山、莲花山、流溪河、白水寨、荔枝湾涌、三桠塘幽谷等 30 多处
军事革命游	黄埔军校旧址、中山纪念堂、农讲所、抗英纪念馆、黄花岗烈士陵园等 40 多处
人文建筑游	陈家祠、镇海楼、沙面建筑群、西关大屋、骑楼商业街、宝墨园等 50 多处
宗教朝圣游	光孝寺、六榕寺、城隍庙、南海神庙等 50 多处
博物馆文化游	省博物馆、广州图书馆、南越王墓、中山图书馆、广东革命博物馆等 30 多处
民俗风情游	黄埔村（庙会）、大岭村、红山村、长洲岛、南湾村、龙穴岛等 30 多处
商贸购物游	北京路、上下九、十甫路、海珠广场、海印电器城、天河城广场等 10 多处
创意园区游	红砖厂艺术创意园、TIT 创意园、羊城创意园、太古仓、1850 创意园等 40 多处
主题公园游	长隆野生动物世界、百万葵园、鳄鱼公园、华南植物园、广州海洋馆等 30 多处
城市公园游	云台花园、越秀公园、雕塑公园、文化公园、天河公园、香雪公园等 50 多处
康乐养生游	从化碧水湾温泉、增城锦绣香江温泉、花都美林湖温泉等 20 多处

（资料来源：广州旅游资源形象感知及决策分析）

　　从上表可知，广州的旅游资源历史悠久、类型多样、数量丰富，但优厚的本土资源并未
得到有效管理，具体表现在以下方面：
　　第一，广州的旅游资源开发品位以中低档为主，并未打造出能享誉国际的品牌及产品。

广州拥有白云山、莲花山等一批国家级森林公园与自然保护区，但未曾打造出像张家界一样的文化遗产标签。广州虽有珠江水穿城而过，但水体闻名程度远不及西湖。广州承载着2000多年文化的历史名城，市内文化古迹为数众多，但闻名程度远不及西安。

第二，资源配置过分草率。对资源的市场需求没有进行充分调研，因而在制定旅游区主题与形象时定位模糊，盲目建造，产生大量失败的项目，既对本土资源和古迹造成"建造性破坏"的同时，也影响了本地的旅游形象。

第三，景区建造风格大相径庭，缺乏当地特色。随着景区建设在旅游业中的重要性越来越突出，广州近年来对许多景区进行重新规划打造。但不少景区的创意有限，资源相似，内容、形式风格雷同，缺乏个体特色，造成旅游资源的重复浪费，也使得游客视觉审美疲劳。

第四，景点建设偏重经济效益，忽略文化内涵的营造。市内许多旅游区域没有从城市旅游的广度与深度进行规划，只是一味的偏重经济效益，忽略自然景观的艺术表达与文化内涵的展现，致使景区整体艺术气氛乏陈，流于形式。

第五，没有打造出精品主题景点，旅游创意不足。这是因为景区没有深入研究自身的特色和文化背景，打造出有特殊性与吸引力的精品景点，所以无法形成旅游生产线，更无法提升区域旅游资源的知名度。

第六，景区管理制度不完善。近几年各地大力发展旅游业，但很少有详细的规章制度来管理区域旅游，对区域内的旅游景点缺乏合理的组织与协调，这在很大程度上引起游客的不满。一些旅游区域人满为患，得不到合理的解决，而一些旅游区域则出现人烟萧条，甚至无人状态。这种现象会导致两种极端，人满为患的旅游区，配套设施与服务会跟不上游客数量，引起不满，而人烟萧条的旅游区则会大量浪费旅游资源与设施。景区内的环境、商贩买卖也离不开管理。

第七，旅游产品的开发不足，出现千篇一律的现象，城市建设与其旅游产品不符，旅游文化、包装与当地严重不符。还出现旅游景点内部功能分区不明确的现象。

第八，旅游服务业没有统一规范的行为，存在欺骗、敲诈手段谋取钱财。

如上所述，广州在旅游业的发展上还面临许多问题与矛盾，其制度和规划还没有跟上现代化的步伐。在完善旅游资源配置的过程中，广州还需立足本土的生态与文化背景，借鉴国内外先进经验，统筹部署，理性建设，考虑设施的人性化，完善管理体制，

6.3　艺术景区的特点与影响力

艺术的发展水平越高越能体现一个地方的特色，比如说云南的民谣、湖南的花鼓戏、敦煌壁画等。只有艺术蓬勃发展了，才能带动当地特色文化，形成人文艺术景区，才会吸引更多的游客来此探寻和旅游，单从这一点上来说艺术就会带动旅游发展。要想增加文化产业的

图6-3 广州沙湾古镇景区

辐射力度就要优先发展当地的旅游业，广州是岭南文化的中心地，旅游资源丰富，拥有镇海楼、五仙观、岭南印象园、南越王墓、西来初地、西关大屋等旅游点，具有发展艺术景区的基础和潜力。

艺术景区作为城市的公共空间，其公共性体现在空间为公共场所，艺术表达的材料也都来源于生活。艺术景区是以艺术审美为标准的境域打造，并通过富有生活气息与艺术氛围的题材表达着生活情感与思想。艺术思维与艺术手法融汇于景区营造的全过程。艺术景区的题材与表现手法，应都适应于其所处时代和地域的环境条件，体现特定时间、空间的特色。艺术景区是旅游发展的一个新方向，新趋势，发展艺术景区有其深层的意义：

首先，艺术景区能改善社区环境，提升品质。艺术景区作为一种贴近大众的景区形态，能改变原有社区环境的整体风貌，介入丰富多样的艺术形式，提高社区环境的观赏性，为人们打造出更高品质的生活空间和交流场所。

第二，通过对艺术景区的打造，能够优化人们居住的环境，把人们从竞争激烈的紧张环境中释放出来，使人们的身心得到愉悦，修养得到提高，从而让社会发展成为美好的生存形态。

第三，艺术景区通过对城市文化资源的运用，让人们更便捷感知艺术文化，引领普通市民欣赏与创造，对提高全民的综合素质与文化修养有积极的意义。

第四，有特色、有活力、品质较高的旅游艺术景区才能优化城市形象，提高本区域旅游的吸引力，促进区域旅游业创收，宣传区域文化。

城市的环境品质、旅游质量与艺术建设密切相连，艺术景区已然成为一座城市凸显文化面貌的对外名片，艺术景区的重要性在世界范围内被广泛关注与接受。艺术景区的发展趋向体现着城市人们的精神和文化追求，也因此，优质的艺术景观能为城市带来正面的效应，反之，粗劣滥造的艺术景观将降低城市的文明形象，同时也造成资源的极大浪费。

6.4　广州城市艺术对旅游业的促进

旅游是一个富有特色的产业，人们到达一个新的地方是为了饱览该地的文化风情和名胜，希望看到的是各种有特色的景物，而艺术正是能让人得到特色文化享受的载体。城市艺术最直接表现就体现在公共空间艺术上，公共空间艺术在为城市景观带来改变的同时，常常也以平民化的方式融入城市文化生活中，如：立陶宛维尔纽斯的自由之路、蒙德里安三原色装点的海牙市政府。越来越多的艺术作品进入城市空间，带来的不仅仅是城市面貌的更新，同时也激发人与城市的互动，以艺术的多元化来创造着城市新文化。

现代社会的发展使人们的生活日益丰富，对艺术的追求也日渐迫切，对旅游的要求层次也在提高。在信息爆炸的时代，我们接收了大量碎片式的文化，使得我们内心彷徨不安。传统的旅游主要围绕对历史文化、民俗文化等内容的简单陈列观赏，只需要具有基础旅游功能即可，这便是碎片化旅游文化。但现在的旅游需求的样式日益多元，不再满足于基础层面，而是要求集观赏、体验、参与于一体，打破碎片模式，真正的融入当地民俗风情。各种当地文化节庆、艺术表演、时装SHOW、民间音乐会等都是吸引客流，满足游客体验及需求的一种手段。

当前，世界各国呈现出依靠城市艺术拉动旅游业增长的势态，其表现在：

第一，国际上，纽约、伦敦、巴黎、东京等旅游强市，其城市的艺术发展都集中且迅

图6-4　羊城同创汇的旅游功能

速。游客在这些城市聚集度最高的区域，往往是这些城市的艺术空间或艺术景区，如巴黎的蓬皮杜艺术中心。国内外旅游强市中的艺术建筑、艺术公园、艺术博物馆、艺术创意园等往往被列为该城市最有代表性的景点，并以之为中心形成了旅游中心地带，带动周边经济。

第二，艺术创意园在各城市旅游业中的影响力非凡。艺术创意园具有显著的旅游开发潜力，园区内聚集着大量的创意团体，还有文创品店、咖啡厅、书店等各类文化企业入驻，既提升了城市的个性魅力，又有助于彰显城市独特的文化氛围，形成综合性的吸引力，为旅游产业创收作贡献。

第三，旅游本身的过程就是追求艺术的过程。文化旅游热点中的文化节庆、艺术表演、时装SHOW、音乐会等，本身就属于城市艺术的范畴。旅游纪念品及箱包等其他旅游产品的设计，需要揉入艺术手法；也可因地制宜，利用当地特色材料、风貌、人文制作艺术品售卖，相信定能促进旅游附属商业的发展。

纵观国内外旅游强市结合城市艺术发展旅游业的现状与经验，可以看出，城市艺术对旅游业发展的促进作用不容小觑。广州现正处于旅游业转型时期，此时研究城市艺术与旅游业的关系，具有非常及时的作用，且必须尽早研究。城市艺术发展不均恰好回应了"人民日益增长的美好生活需要及不平衡不充分的发展之间的矛盾"，提高城市艺术的运用，正是解决这一矛盾的一剂良药。本文因此提出几种以城市艺术配合广州旅游业发展的策略构想。

第一，文化、旅游管理部门与其他相关部门形成协调机制，促进联动项目的进行。比如形成协调机制，促进艺术活动、艺术创意园建设等项目的顺利进行，以产业融合发展方向拉动旅游经济增长。

第二，在城市艺术项目中配套开发旅游功能，包括城市建筑、艺术景区、主题公园、艺术演出、艺术展览等内容。在城市艺术的发展项目中，配套开发旅游的属性条件，使城市艺术项目成为旅游体验项目之一。

图6-5　广州艺术表演

　　第三，推动城市艺术迈向广州旅游产业延伸发展。从国外的旅游发展经验中，发掘出有大量从城市艺术延伸为旅游中心区的例子。比如美国华纳迪斯尼，把迪斯尼动画片延伸发展为电影，再延伸发展为迪斯尼乐园，再如法国巴黎的蓬皮杜，从艺术中心扩散到艺术作品、旅游纪念品再到周围的小吃街，这都成为城市重要的旅游景区。

　　第四，提升广州旅游项目中的艺术含量和质量。把艺术创意真正的融入旅游项目的建设、活动策划之中，使旅游项目审美与功能并重；同时，还需要提升旅游相关商品的艺术附加值，实现经济创收，丰富和完善广州的景观体系，精心打造广州的标志性地点，完善景观线路，环环相扣，把景观设计拓展深化至特色街区，整体提升广州的旅游地形象。

第七章
广州城市艺术与文化、商业、旅游的融合发展

文化、商业、旅游是城市的三大服务性产业。通过文化、商业、旅游产业的带动，城市艺术才得以实现经济发展与社会进步。在当前供给侧改革的背景下，文化、商业、旅游都需要适应市场机制与政策指导，延长自身的产业链，提升产业的资源整合能力，实现产业之间的融合发展。本课题对广州城市艺术在文化、商业、旅游发展中的作用进行研究，探索他们之间融合发展的关系，促进广州世界名城的建设。

7.1 文化、商业、旅游三者的内在联系

文化、商业、旅游是一个城市发展的重要内容，他们三者间是一体化的，彼此相互依存，相互结合，缺一不可。在现代城市的建设中，一定要把三者相结合来考虑，从其内在的关联中找到更好发展的驱动力。

文化属于历史的范畴，每一特定时期都有特定的社会文化，并且随着社会的变化而不断演变。物质社会的发展也必然导致商业文化的出现，在经济作用上，商业文化注重的是商品的整体效益。近年来，随着旅游业的快速发展，关于旅游地区的社会文化也受到前所未有的关注，旅游的社会文化影响主要包括旅游信息的输出以及游客所带来的社会影响，以及游客与旅游地的相互关系。

城市文化的植入有助于提升商业运营层次，为商业注入新活力，吸引更多消费。旅游通过观光、游玩、娱乐等题材不断为城市输送客流，为商业引进外围消费；同时，旅游引进游客对城市文化进行观赏体验，使城市文化更大维度地对外展现与宣传，促进各地文化之间的传播与发展。

1. 文化是基础和软实力的体现

文化是一个非常广泛的概念，也可以说文化就是一种生活方式，是在日常穿衣打扮、衣食住行、言谈举止中所体现的精神与气质，包含了如文学艺术、行为规范、思维方式、价值观念等众多的内容实体。一直以来，文化与艺术是相提并论的，所谓文艺文化，似乎总分不开。不能说艺术推动文化，文化推动艺术，艺术是一种文化现象最为恰当。

对于一座城市来说，文化是体现城市格调与发展水平的标准，是城市发展的基础和所具有的软实力体现。城市文化要通过一定的载体来体现和彰显文化内涵，在各种有形和无形的载体中显现城市的气质，让城市凝聚独特的魅力。广州的文化发展是一切事业的基础，有了文化的积淀，商业才能有序发展，旅游才能上到更高的层次，城市的综合气质才能得到质的提升。

2. 商业是城市发展的经济动力

商业即是以货币为媒介进行的商品交换的一种活动，人们在交换中得到自己所需的物品，来满足生活与精神的需要。商业也一直是推动社会发展与进步的强大力量，城市只有依赖商业才能进步。现代人们的生活压力大，商业活动不单单是买卖活动本身，其还和休闲、餐饮等其他文化活动息息相关。

图7-1　广州的七夕文化节

在城市的发展建设中，商业起到的作用非常之大，现代商业的发达不仅仅是经济繁荣的象征，也是城市生活水平与生活方式的另一种体现，没有发达的商业也就没有城市旅游经济的发展，更不可能带来市民生活质量的提高，严重的甚至会引发社会的动荡不安和人民不满。总体而言，发达的商业是繁荣市场经济与发展文化的经济动力，也能为旅游业和其他产业的发展提供兴奋剂和催化剂。

3. 旅游是建设宜居城市的特色途径

旅游是为了满足某种精神需要而从一个城市去到另一个城市进行游玩、观赏、体验、放松的一种活动。中国是世界上最早有旅游文字记载的国家，具有悠久的历史和特有的传统。旅游业和经济发展水平密切相关，甚至可以称之为经济的雨晴表，旅游业的发达能贡献巨大的GDP数值，还能改善一个城市的文化气息和生活环境，因此国内很多城市都把发展旅游当作经济增长的一个手段。

发展旅游是现代城市在各类建设中的最明智、最必要的选择，是建设宜居城市的特色途径，建立一个旅游城市不但环境要好，文化资源要丰富，而且还要有非常高的知名度，能带动其他建设项目的快速发展。

宜居城市在发展旅游业方面具有影响力、吸引力、聚集力，其旅游作为建设宜居城市的特色途径，主要内涵有以下几个方面：

第一，旅游资源配置较其他城市高，城市风景、特色形象鲜明。

第二，城市产业结构合理化，第三产业作为主导产业，商业、服务业较为发达，进而表现在旅游业服务上。

第三，城市环境宜人，基础设施现代化，拥有国际标准水准的景观和项目设施，与城市间、国家间信息传递密切。

7.2 广州城市艺术与文化商旅的融合发展

文化、商业、旅游是城市的三大服务性支撑产业，三者能有效利用城市的生产要素推进城市的经济和社会发展。在供给侧的改革背景与市场机制调节下，三者延伸自身的产业链，并带动其他相关产业综合发展，对提高产业的核心竞争力与完善现代化产业体系有着重要的经济意义。"文、商、旅"三者融合发展的基础是深厚的历史文化与政治体制，城市艺术则是对三者进行融合与促进的有力媒介，广州在文化、商业、旅游三大产业发展的过程中也离不开城市艺术的推动。

"文、商、旅"中"文"首当其冲，意味着文化上去了，才能带动商业和旅游业的发展，才能实现旅游文化的重大突破。最早提出"文、商、旅结合"概念的是上海，并在实践中获得成功的效益。于是，国内各大城市逐步开展摸索文、商、旅融合发展的产业发展模式。不再以商业为主导地位，而是以文化娱乐为主，将文化、商业、旅游结合，形成一站式服务。在各地文、商、旅融合发展的实践探讨中，已累积一系列的理论研究成果，这些理论成果对广州进行文、商、旅融合发展有着重要的指导作用。

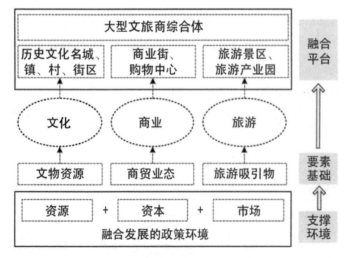

图7-2 文商旅融合发展的内在机制[1]

1 梁峰，郭炳南. 文、旅、商融合发展的内在机制与路径研究 [J]. 技术经济与管理研究，2016（8）.

从上图中可知，文、商、旅发展壮大的根本动力在于资源、资本、人才的供给与顶层制度的推动。还提出以打造综合性产业集聚区来实现三者融合发展的路径，具体分为：以文化资源为中心的集聚区、以商业资源为中心的集聚区及以旅游资源为中心的集聚区。广州作为历史古城，旅游资源丰富，但其旅游业的发展却相对滞后。产业集聚区这一理论对广州进行文、商、旅融合发展和解决旅游业的滞后现象有很好的启发意义，能结合广州的现状与既有研究成果，来培养城市艺术思路，形成促进广州文、商、旅融合发展的策略。广州城市艺术与文商旅的融合发展策略大致有以下几方面：

1. 挖掘珠江水系文明，打造滨江艺术商务区

广州市珠江穿城、水网密布，是广州极其宝贵的资源财富，我们要结合"文、商、旅"发展战略，深挖珠江水系的价值，打造具有珠江特色的艺术商务区。

广州在"十三五"规划中也提出了"一江两岸三带"的发展规划，即通过艺术化手法处理珠江两岸及桥梁等景观资源，把珠江水域建设成广州水文化的展示区和创新发展区，把包含珠江新城、广州国际金融城、琶洲会展总部、广州高新区、智慧城等特色地块连接起来，共同打造艺术商务区。通过艺术的创新手法，打造广州岭南历史文化特色城市的对外名片，使整个珠江水系有统一、完善的艺术形象，充分展现广州精气神，提升"文、商、旅"的格调，体现一个既有历史感又有现代化都市风貌的新兴区，一个既有文化内涵又有艺术气质的滨江商务区。

然后再以珠江为天然轴线推进实施沿江布局和开发建设，打造特色的滨水"文、商、旅"集聚区，在总体层面上带动、优化广州城市的功能布局和"文、商、旅"品质。

2. 激活广府文化，以文化艺术带动"文、商、旅"发展

广州是广府文化的发源地，是千年商都的核心地带。广州拥有大量千年以前的历史古迹，如大佛寺、千年古道、秦代造船工场、南越王墓等，这些历史古迹只要稍加完善和宣传，对发展文化旅游有力而无一害。但是，广州承载着2000多年的文化内涵和悠久的历史古迹，却并未形成最具传统特色的广州名片，很多城市只知广州商业发达，却对于广府文化全然不知，这是因为广府文化目前呈碎片分布，没有核心概念统领，也没有串联成完整的文化线索，所以其内在都没有汇聚凝固，又何谈其对外扩散。针对广府文化的资源与现状，我们可以把古迹投入改造，对历史文化资源重新梳理、归纳，解决文化碎片化的问题。

首先我们要用艺术的手法借助当下盛行的互联网手段，加强宣传力度，为大众呈现广府文化遗址的整体形象，快速获取广府文化的相关信息和资讯，获得社会的影响力与认同度。然后借助虚拟空间技术，展现历史长河中的广府文化的变迁，使全民都能够了解广州古迹的演变面貌和故事，并勾画出广府文化的未来图景。

然后借助标志、平面广告、运用软件推广、艺术节庆、音乐节等艺术元素整合古迹面貌，打造广府文化新亮点，以此来聚集人气，吸引游客，引发公众对广府文化的关注热潮，再结合旅游服务业和设施基础，口口相传打下口碑，以文化艺术带动"文、商、旅"的发

图7-3 广州旅游宣传广告

展，形成以文化资源为中心的"文、商、旅"集聚区。

通过整合广州的文化资源，以"岭南建筑、粤剧源地、武术之乡、美食天堂"等词汇，加上节日气氛宣传，来凝聚品牌效应和对外推广。如依附广州花市、庙会，大力宣传与完善，充分彰显地域特色和历史文化来吸引游客。

3. 发展创意产业，培养由艺术驱动的"文、商、旅"新模式

传统的产业由于互联网电子商业的兴起而饱受打击，不仅仅是一个个线下实体店在寻求出路，一个城市的发展也需要谋求出路。如若像传统产业一样，继续发展"文、商、旅"，对于旅游资源相对匮乏的城市来说无疑是一道难题。

如何在互联网电子风靡的情况下发展"文、商、旅"新模式，需要我们顺应互联网时代，发展创新型产业，提升传统商业现代化服务水平。但在广州，要想打造"文、商、旅"发展的新模式，需要更多综合体来承担不同社会角色，同时还要承担起公共服务和旅游景点的职责，如若创意产业兴起，与文化、商业、旅游结合，共同打造未来城市的综合体模式。

创意产业是现代经济发展的有力补充与转型升级的有效方式。从国际创意产业发展历程来看，具有创意产业的国家都凭着自身的特色，带来巨大的经济效益。例如伦敦广场，是一个传统的私家花园，周围是用于商业、旅游的建筑物；在中国，大多数历史古迹也会演变成商业中心，如西安兵马俑，它本身就是一个巨大的商业中心，从馆内出来，周围就有各种各样的小吃、玉翠、丝绸商店供你选择。要想在这些区域增加创意产业，不妨因地制宜，对该地域的历史做一个回顾，创意形式则不限，目的只是让游客记住该城市。广州因为处在改革开放的前沿，又比邻香港、澳门，拥有独特的地理优势，有建设创意之都的优良条件，因此我们可以从城市艺术的角度大力发展创意产业，形成政府、企业、社会共同关注和支持的一种新的产业形态，整合所有有利资源，从整个城市规划和未来发展层面考虑创意产业的发展格局，并在资金、人力、环境等细节中对其进行扶持与推动，还要注重科学研究和创意人才

的培养，增强后续的发展潜力。

创意产业是促进文商旅发展的良好途径，它不但能提高区域文化内涵，还能直接参与到商业运作与市场流通中，同时其创意产业本身也可发展成为旅游区，以其创意吸引志同道合的游客，反过来还能带动商业的发展，促进各地文化的交流。在通过创意产业发展文商旅的探索道路上，广州要借鉴发达国家创意产业发展的经验，以创意为动力，以文化为基础，以旅游为源力，打造出以商业为中心的"文、商、旅"集聚区。

在中国西藏，这座被称为旅游胜地的城市，它的文化旅游创意园走在其他城市的先例，在西藏拉萨建立了"中国西藏文化旅游创意园"，呈现出文成公主主题公园，藏民族民俗风情体验区，藏医药文化创意园等九大功能区，是较为成功的创意产业，带动藏族经济发展功不可没。

在湖北武汉市硚口区的"江城一号"文化创意园，是武汉最大体量的花园式时尚文化创意园区，其特色是园区内拥有13辆五颜六色的汽车，如同叠罗汉般的被直接堆积起来，非常吸引眼球。原来废旧的车房，变成了如今的艺术展览，展厅内还有著名油画家古原先生的作品及周边衍生品，呈现艺术与历史的融合。

在广州其实也不乏这种艺术园区，如红砖厂就与"江城一号"不相上下，由一座废弃工厂改装而成，保留了废旧的铁箱加以彩绘，是年轻人及摄影师喜爱的地方，很多宣传照片也从这诞生，园区内还有各种手工艺品、设计展览和讲座。但是也正是因为红砖厂接纳性广，所以导致产业多而不精。广州在培养"文、商、旅"新模式下，要十分注重创意产业的特色和精致。

4. 通过艺术优化城市空间，培养功能合理的"文、商、旅"专区

优化城市空间离不开对于公共领域的营造，公共空间说到底是为人使用的，我们设计师需要把人的欲求和各种资源整合，把人文因素考虑到设计中，创造出一种高效、有人情味的方式。

广州是我国南方小有名气的文化古城，虽然近几年城市环境和城市格局变化很大，有了很大的提升，但广府特色却一直不明显，且环境改善仍只局限于表面或局部，不够深入。[1] 我们需要从"文、商、旅"发展的角度去优化广州的城市空间，以国际眼光去观察，通过艺术的手段进行战略定位，挖掘自身的资源优势，整体把握并突出重点，形成体系。

我们要根据不同区域的历史文化和功能内涵科学合理地划分广州的各个区域，如北京路商圈、南越王墓文化区、石牌教育文化区、白云山旅游探险区等，培养和加强各区域的功能属性，然后用艺术设计的手法因势导利，做好街道、岸线的景观建设，通过建筑、道路、公共空间等设计让每

1　保继刚，古诗韵. 广州城市游憩商业区（RBD）的形成与发展 [J]. 人文地理，2002, 17（5）：1-6.

个专区具有各自的特色。城市空间在功能分区的同时，其实也是在追求美感，追求和谐。在优化空间功能的同时可兼备保护传统文化古迹与建设新的城市地标，对反映本土风貌的街区如西关风情、滨水文化等特色文化进行延续。对新城区则着重彰显时代特色，以商业品牌、优秀小区为导引，展现出宜居城市的景象，以形成新旧交融、万象更新的城市形象。

5. 发展艺术教育，提升城市气质和"文、商、旅"发展潜力

艺术是多元化发展的，艺术的发展需要大量人才，艺术院校对艺术人才培养的重要性越来越显著。广州要全面提升城市文化素养，加强艺术人才的培养，离不开文化软、硬实力的支持。广州近年来艺术院校及高校艺术类专业发展迅速，但教育效果具有相对的滞后性。从教育的角度而言，现有的艺术教育存在畸形发育，只是将艺术作为考大学的一个跳板，直接造成大量后起学生的视觉能力弱化，其观察能力和作画技法格式化。从产业发展而言，很多培训机构，如手绘班，软件班，高考班等，只是为了赚取高额的利润，很多辅导机构仅仅只开设国庆七天快速班，就以推荐工作等噱头广泛招生。要想从根本上解决这些问题，首先要解决体制问题。艺术教育不是快餐消费，要从小开展、熏陶，融入小学、初中课堂中，这样，一味的以市场为目标的机构将会受到冲击。因此，广州高校的艺术教育要与社会需要接轨，在人才类型、教学内容、实习方式、创业方向等方面均有针对性、渗入性地进行，培养真正能促进城市气质发展的人才。

除了学校，艺术教育的方式还有博物馆、美术馆、设计展厅等文化机构中的艺术展览、讲座，艺术节活动等，具有良好的美育教化功能。通过对艺术活动的参与，人们从中获得艺术熏陶并提升文化素养，进而为"文、商、旅"的发展提供铺垫与全民基础。我们知道，文化素质的提升需要文化硬实力的支持，广州在加强城市艺术人才培养和提升城市文化素质的过程中，需要政府、设计院校给予更多的支持，如增办文化展馆，让艺术普及民众生活等。

艺术专业人才培养能在一定程度上解决文化产业与市场发展中人才短缺的问题，能为促进广州乃至全国文化产业发展与市场繁荣作出积极贡献。艺术教育彰显着人类文明的力量，以艺术手法谱写城市风采，增加生命的质量，提升城市气质。艺术的创作是瞬间的灵感，给人直观体验和情感的共鸣。以艺术教育提升"文、商、旅"的发展具有潜移默化的效果。

图7-4 广州美术学院的现状

总结：关于广州城市艺术发展的建议

本书在借鉴了世界5大艺术名城与国内4大知名城市的基础上探索了通过城市艺术来促进广州文商旅发展的方法与路径，经过研究，提出以下具体的建议，以求借助城市艺术的发展来帮助广州破解"千城一面"的魔咒。

一、以艺术大赛为载体让广府文化名扬海内外

1. 举办一次广府艺术大赛，充分宣传，向全球艺术家、设计师征集广府文化的艺术形象，让广府文化登上文化界与艺术界的头条，提高知名度。同时也能真正得到一批生动形象、内涵深刻、富有特色的广府文化艺术作品，体现广府文化、海洋文化、土著文化的精彩交融，并通过全球发布获奖作品的方式让广府文化的形象深入人心。

2. 在比赛的获奖者或征募的其他艺术家中组建一个类同"广府文化艺术推介委员会"之类的组织（也可依托在其他组织中），专门负责深化广府文化的表现艺术。如制作一批雕塑，参加国内外美展或艺术大赛，并放置在广州商场、地铁、街头、公园等相关地点，让广府文化以生动的形象在现实生活中影响和感化人们；又如请当红明星拍摄一部与广府文化相关的电影，在各个黄金档期播出，让海内外人们了解广府文化的故事。只要广府文化的知名度提高了，广州的"文、商、旅"发展才具备基础和底气，才能使广州在世界文化名城中立有一足之地。

3. 持之以恒地举办跟广府文化、广府后裔、广府研究会等相关的大型活动，形成有别于中原文化的沿海杰出文化体系，在海内外产生巨大的影响力与凝聚力。

二、设计一套成功的广州城市形象识别系统

1. 在广府文化艺术形象表现的基础上再举办广州形象标识设计大赛，以有吸引力的奖金面向全球征集广州城市标志和形象系统，成为继广府文化形象艺术大赛后的又一记强力冲击波，让世界记住广州。

2. 对设计征集的作品通过网络投票、专家评审、实测试验等方式从代表性、艺术性、文化性、系统性、喜爱度等多方面评审出一套广州人真正喜欢的有彰显度的城市标志与形象识别系统。

3. 形象识别系统确定后即在全市推广，在路牌、广告板、公共交通设施、电视、建筑外观、网站、办公系统等多方面均使用标志、标志色与辅助色、标准图形和辅助图形，并通

过雕像、壁画、装置的创作及建筑、桥梁等形式多角度展现广州视觉形象系统。以多变但不离其宗的方式让广州形象深入到市民的日常生活细节中，以此形成广州强大的视觉形象，甚至发展广州的行为识别系统，形成优秀的城市品牌。

三、用艺术手法让建筑成为广州文化代言人

1. 建筑是表现城市特征的最有力元素，广州的新中轴线上有许多知名建筑，但都缺乏广州本土元素体现。广州的建筑不能一味向现代化风格靠拢，这是造成"千城一面"的罪魁祸首。今后广州所有建筑，包含商业大厦与住宅小区都要体现广府文化或地域元素，把艺术化的广府形象或海洋形象融入建筑之中。

2. 通过规划部门加强对建筑形态与外观的审查，甚至成立一个特别组织专门负责建筑艺术的审查与指导工作，对广州各个片区的建筑风格进行梳理与规划，要求任何施工单位的设计建筑都要体现广州沿海地域特色与广府文化的内涵，服从城市规划对各个片区的建筑形象管理。

3. 对现有建筑进行修整与形象改善工程（非"穿衣戴帽"），不大兴土木，只用巧妙的艺术手法融入广府文化元素，让其能体现广州城市特点。

四、在桥梁设计中因地制宜融入岭南文化元素

1. 用艺术手段改观珠江上的几座桥梁，通过设计专门的颜色、图案或桥头雕塑来增加桥梁的文化性与观赏性，在悬索桥的塔柱上增加广州的特色元素，让广州的桥梁形态融入岭南的历史文化，体现南中国的特征，成为珠江景观的提升者。

2. 市区内的立交桥与人行天桥是城市景观的主体，也要体现广州特色，在桥身的形态、栏杆与台阶等位置通过浮雕、涂鸦等方式植入广府文化元素，或通过图像讲述某个岭南故事，让市民在走路中就可了解广府文化，受到艺术熏陶。

3. 在桥梁的绿化方面可有规划地种植大量鲜花绿树，充分体现"花城"的特征。

五、加强公共空间与艺术场馆的建设与使用

1. 在各类广场，尤其是花城广场的公共空间中，增加一些有分量的能体现广州历史与时代精神的永久性雕塑及装置，用优秀的艺术作品展现广州的文化内涵。

2. 优化住宅小区的公共空间，增加一些艺术形式较强的雕塑景观，体现广府文化与时尚潮流融合广度，并时刻对市民的艺术情操进行熏陶。

3. 多建主题公园或景区，对现有的公园与景区也逐渐凝练特色，把广州的历史文化分段体现在各个公园的景观中，把各类历史事件通过艺术化的手段进行复原，并以生动的形态

展现广府文化特色，对市民进行长久化的历史文化教育与熏陶。

4. 加强对艺术场馆的展览活动进行宣传，可与旅行社、中小学、社区相对接，增加观众人数与提高文化效益，改变门可罗雀的局面。同时改变思路，让一些不易损坏的展品走出场馆，在各种合适的场合让艺术品更好的接近市民，把艺术展览办得鲜活起来。

5. 创意产业园区是一座特殊的艺术场馆，是体现城市创意文化与思想活力的地方。我们不能因为土地贵就不搞创意园，而应该看到其文化价值与思想价值，对其进行升级改造，引进大型企业，带动小型创意团体，形成产业部落，并开发旅游资源，增加商业活动，逐步实现经济价值。

六、在商场与街道中增加丰富的艺术景观

1. 现代人逛街的目的不仅仅是购物，还是一种消遣方式。我们要把艺术元素融入到商场的建筑与空间布局中去，通过空间再设计与雕塑、绘画、装置设计等方式把艺术美呈现给每一位顾客，让商业活动带来高雅的艺术生活，提升商业层次。

2. 商业也是文化宣传的一种方式，我们可以对商场的宣传单张、价格标签，甚至购物单上都作精心统一的设计，使用广州形象图案，体现广州的商业品牌特色。

3. 广州几乎全城皆商，但很多街道环境卫生不好，影响了广州的商业形象。我们要和规划部门及环卫部门合作，让每条街区做到规划合理、整洁卫生。然后用心挖掘各条街道的历史与典故，细致设计每条街道的文化艺术元素，可对重点街道在广州VI系统的规划下进行形象设计，包括导向系统、街道景观等，还可在合适的位置安放一些能体现该地历史文化的雕塑、装置等艺术形式，提升商业环境的艺术品位。

七、打造珠江两岸世界级的特色灯光夜景

1. 香港维多利亚港的灯光夜景是世界知名的，我们可借鉴其方法把珠江两岸打造成有岭南特色的世界级灯光夜景，成为广州走向世界的一张名片。具体上，可利用广州塔的高度，把珠江两岸与花城广场的灯光景观做综合设计，把悠久的岭南文化元素和广州现代创新精神通过灯光艺术展现出来，在每晚固定的时间按不同主题进行灯光表演。还可利用举办国际灯光节的契机形成国际影响力，成为吸引商业与旅游的特色项目。还可因此促进广州LED照明技术与产业的发展。

2. 以珠江两岸为龙头进行延伸，对市区内主要干道的灯光作规划设计，在光色与形态上表现不同的区域特色，让整个广州的灯光夜景整齐统一。

3. 各住宅小区的灯光要以生活照明为主，以温馨怡人为目的。为了节约经费，对其不做新的改造，但要进行整体规划，对部分问题明显的街区灯光进行修理与更新，并在更新中依照规划逐渐形成新的区域特色。

八、让公交站牌与公交车变身流动的文化驿站

1. 公交站是人流密集的地方，是文化宣传的好地方，也是广州文化层次的体现。我们要对广州的公交站牌进行艺术化改造，在形态上富有创意，体现广府文化特色，加深人们对广州文化的印象。

2. 对公交站牌的广告进行统一管理，无论是商业广告还是公益广告，皆植入广州文化元素，甚至通过艺术作品定期进行系列化的广府文化集中展示宣传。

3. 对公交车和出租车的形象进行统一规范，精心设计能体现广州特色的车身图案，在车身上喷绘能表现广州历史文化或现代文化精神的图案或场景，将其变成流动的广州文化宣传驿站，提高广州文化的知名度与识别度，促进旅游业的发展。

九、从世界范围去宣传与培育各类特色艺术节

1. 广州需以戛纳为榜样，把一个电影节办得具有世界影响力。我们可在现有的艺术节中挑选一个具有广州特色而非广州莫属的艺术节，如国际服装节或音乐金钟奖，持之以恒地进行培育。这不仅仅是在经营一个节庆，其实是在经营整个广州的文化形象，一个具有世界知名度的艺术节能使广州走向全世界，拉动"文、商、旅"的综合发展。

2. 广州的艺术节需要在世界范围的宣传与名人参与方面多做功课，要舍得投入，扩大参与度，办出国际效应，打响广州名牌，后期的社会效应与经济收益会自然上去。

十、开放并用好各类艺术院校和艺术名人资源

1. 对艺术院校要增大投入与加强引导，让艺术生多走向社会，参与城市艺术的建设活动，培养杰出艺术人才，使其成为城市艺术发展的忠实拥趸与生力军。

2. 开放校园，开办艺术公开课，把艺术院校变成城市艺术的活体，用高雅的艺术环境、生动的艺术教学、丰富的艺术活动提升市民的艺术素养和文化气质。

3. 大力宣传艺术名人，发挥其艺术财富的作用。可以设立博物馆介绍他们的生平事迹，把他们的优秀作品通过恰当的形式进行展示，提高广州整体艺术水平与层次。

4. 继续挖掘更多的艺术名人，培养一些有潜力的青年才俊，丰富广州的艺术资源，形成良好的艺术文化环境。

参考文献

1. 辣笔小芯. 到戛纳去看电影晒太阳 [J]. 东方电影, 2014（6）.

2. 贺欣浩. 另一个角度看戛纳 [J]. 中国广告, 2012（9）.

3. 丁窈遥, 周武忠. 守得住的"乡愁"——法国城市规划案例对中国城镇化的启示 [J]. 中国名城, 2016（6）.

4. Agnes Poirier, 吕进. 你应该关注戛纳电影节的N个理由 [J]. 英语沙龙（锋尚版）, 2014（8）.

5. 陈圣来. 大型活动对特色文化城市建设的贡献 [J]. 中国社会科学报, 2014（9）.

6. 韦棠梦. 因创意集结的戛纳 [J]. 中国中小企业, 2011（10）.

7. 胡扬吉. 关于音乐资料数据库若干问题的思考 [J]. 音乐探索（四川音乐学院学报）, 2000（12）.

8. （英）彼得·霍尔著, 黄怡, 译. 社会城市——埃比尼泽·霍华德的遗产 [M]. 北京: 中国建筑出版社, 2009.

9. 王晖. 创意城市与城市品牌 [M]. 北京: 中国物资出版社, 2012.

10. 王林聪. 中东国家民主化问题研究 [M]. 北京: 中国社会科学出版社, 2007.

11. 梅保华. 古老的现代化城市——开罗 [J]. 城市问题丛刊, 1983（1）.

12. 张立超, 刘怡君, 李娟娟. 智慧城市视野下的城市风险识别研究——以智慧北京建设为例 [J]. 中国科技论坛, 2014（11）: 46-51.

13. 温宗勇. 面向智慧城市的数字北京建设与发展 [C]. 第八届中国智慧城市建设技术研讨会, 2013.

14. 韩凝春, 胡昕. 北京特色商业街发展述论 [J] 北京财贸职业学院报, 2013, 29（6）: 14-18.

15. 马伟杰, 高静, 胡芳芳. 杭州滨水旅游景区品牌形象定位研究——以西湖、西溪湿地、大运河为例 [J] 北方经贸, 2013（8）: 169-171.

16. 李琪, 曹恺宁, 刘永祥. 西安生态城市建设目标与构建策略 [J]. 规划师, 2014（1）.

17. 张一成, 邓金杰. 深圳生态城市内涵和低碳基础 [J]. 城市规划, 2013（3）: 66-73.

18. 朱理东. 香港夜景浅析 [J]. 灯光与照明, 2009, 33（4）.

19. 何静文. 广州城市特点 [J]. 南方网讯, 2002（7）.

20. 陈乃刚. 海洋文化与岭南文化随笔 [J]. 广西民族学院学报（哲学社会科学版）, 1995（4）.

21. 杨素梅. 广州发展海洋文化产业的思考 [J]. 当代经济, 2012（3）.

22. 吴羚翎. 南越王墓纹样研究及再应用探索 [D]. 广州: 广东工业大学, 2011.

23. 玄颖双, 潘少梅. 广州城市文化与当代艺术 [J]. 广州大学学报（社会科学版）, 2009（2）.

24. 鲁海峰, 姚帆. 城市环境设计视野与文脉关系研究 [J]. 徐州工程学院学报, 2006（9）.

25. 杨凯. 城市形象对外传播的新思路 [J]. 南京社会科学, 2010（7）.

26. 姜智彬. 城市品牌的系统结构及其构成要素 [J]. 江西财经大学学报，2007，29（8）：52-56.

27. 钱智. 城市形象设计 [M]. 合肥：安徽教育出版社，2002.

28. 罗先国. 城市形象识别系统概要 [J]. 装饰，2002（12）.

29. 曾坚，蔡良娃. 建筑美学 [M]. 北京：中国建筑工业出版社，2012.

30. 龚金红，赵飞，石冠琼. 博物馆旅游市场特点及其开发策略——基于广州三大博物馆的调查研 [J]. 河北旅游职业学院学报，2010（12）.

31. 李建军，户媛. "城市夜规划"初探——"广州城市夜景照明体系规划研究"引发的思考 [J]. 城市问题，2006（6）.

32. 陈海燕，马晔，戎海燕. 亚运会前的广州城市照明组织与建设 [C]. 海峡两岸第十六届照明科技与营销研讨会专题报告暨论文集，2009，11.

33. 广州市城市户外广告设置布局总体规划文本（2004-2010）.

34. 魏恩政，张锦. 关于文化软实力的几点认识和思考 [J]. 理论学刊，2009，3（3）：13-17.

35. 申博. 广西高校艺术类专业产学研合作的研究：以广西三所高校艺术类专业为例 [D]. 桂林：广西师范大学，2011.

36. 吴蓉. 新形势下艺术类院校产学研合作机制探索 [J]. 金华职业技术学院学报，2014（5）.

37. 文彦子. 科学地评估广州文化发展的历史和现状 [J]. 广州研究，1986（1）.

38. 李斯璐. 七成人从来未听说东平大押：广州本土文化消失和遗忘 [N]. 新快报，2015-11.

39. 丁玲. 本土文化与城市艺术形象 [J]. 国外建材科技，2007（2）.

40. 大洋网广州日报，陈Sir扬言（1823期）.

41. 吴源. 城市文化创意产业园向RBD的演进模式研究——以广州为例 [J]. 城市旅游规划，2016年7月下半月刊.

42. 王晓玲. 中国广州文化创意产业发展报告（2011）[M]. 北京：社会科学文献出版社，2011.

43. 赵克谦. 论艺术产品社会效益与经济效益之关系 [J]. 理论探索，1997（4）.

44. 邹跃进. 通俗文化与艺术 [M]. 长沙：湖南美术出版社，2012.

45. 孙仪先. 论艺术与经济 [J]. 东南大学学报（哲学社会科学版），2003（3）.

46. 张来民. 作为商品的艺术 [M]. 北京：中国社会科学出版社，2013.

47. 陈忠暖，陈汉欣，冯越等. 新世纪以来广东文化产业的发展和演变——与国内文化大省的比较 [J]. 经济地理，2012，32（1）：76-84.

48. 罗明义. 旅游经济分析：理论、方法、案例 [M]. 昆明：云南大学出版社，2001：38.

49. 李美云. 服务业的产业融合与发展 [M]. 北京：经济科学出版社，2007.

50. 黄金火，吴必虎. 区域旅游系统空间结构的模式与优化——以西安地区为例 [J]. 地理科学进展. 2005（1）.

51. 张辉. 旅游经济论 [M]. 北京：旅游教育出版社，2002.

52. 梁峰，郭炳南. 文、旅、商融合发展的内在机制与路径研究 [J]. 技术经济与管理研究，2016（8）.

53. 保继刚，古诗韵. 广州城市游憩商业区（RBD）的形成与发展 [J]. 人文地理，2002，17（5）：1-6.

后记

文化、商业、旅游在一个城市的发展中举足轻重，目前学界与业界对这三者的研究与实践也非常多，但所产生的成果也具有一定的局限性与封闭性，对三者在系统发展方面的指导性还有待加强。城市发展是一个系统工程，需要有丰富的理论知识与实践经验支持。城市艺术是在现代城市发展中提出的新概念，因其对一个城市形象的重要性，已经得到世界各国的重视，并发挥着越来越重要的作用。将城市艺术的理论与实践放到解决广州文化、商业、旅游发展问题的研究中能让双方得到共同发展，为有效地解决城市发展中的部分问题提供新的方法与路径。广州是超级大城市，其发展肯定会面临各种复杂情况，有大量问题需要审慎处理。希望今后有更多的学者在这一领域展开研究，为广州的文化、商业、旅游的综合发展提出更多有建设性的意见，促进广州城市文化、商业、旅游的良性发展，并带动广州其他方面的建设，给市民带来实实在在的福利。

最后，感谢钟周、林碧娟、龚敏、钟丽诗、潘婷等团队成员在课题组织、社会调查、资料收集、稿件校对等方面提供的帮助。另外，本书的部分图片来源于网上搜集的资料和参考文献，但因种种原因，无法一一查证和联系作者，在此对其作者深表感谢！请相关作者见书后与本书作者联系。